機構学入門

高 行男 著

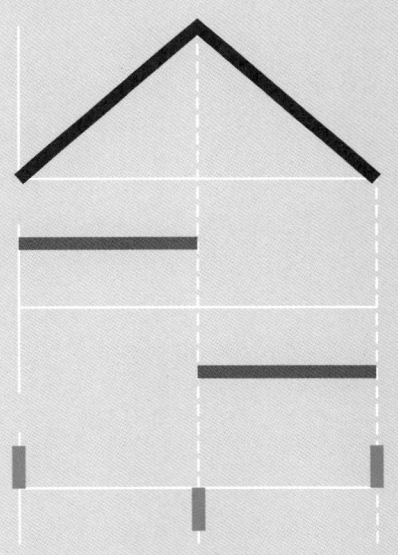

 東京電機大学出版局

はしがき

　自動車をはじめとする精巧な機械がますます容易に扱えるようになり，われわれはかつてのように「メカに強い」とか「弱い」ということを問題にしなくなった。コピー機の原理を知らなくともパネルの表示に従ってボタンを押せばコピーが取れ，オートマチックトランスミッションの複雑な構造を知らなくともアクセルを踏めば車は走り出す。複雑なメカニズムはますますブラックボックス化していく。これは確かに一般の人々にとって，機械を使いやすくする福音であろう。しかしその機械を設計し，あるいは機械を取り扱う人にとってはブラックボックスは問題となる。

　"メカ"とは英語の Mechanism（メカニズム）の略称で，機構学において学ぶのはこのメカニズムの基本的内容である。メカニズム，すなわち機構を知ることは，ブラックボックスの扉を開く第一歩となる。機構学が，機械工学を学ぶ際に基礎的かつ重要な科目の1つとなっているのは，機械がもつ機構の基本を理解することが設計上必須条件となるためである。機構学を学びその内容をより深く理解することは，技術者の出発点といってもよい。

　約2万点の部品から構成されている自動車は機械技術の集合体である。したがって，自動車を体系的に学ぶためには，機構学の基礎事項を把握する必要がある。このことは技術者にとって不可欠ばかりではなく，工学的素養を身につけるうえで重要である。

　筆者は，自動車を通じて工学的基礎の素養を育成する立場にあるが，教育対象である学生の出発点はそれぞれ異なっている。本書はそのようなさまざまな学生に対し，自動車を題材に機構学の基礎を学びやすいようにまとめた。

　第1章では機械としての自動車の意義を知り，機械が運動するときの基本である回転運動の基礎を学ぶ。第2章以降は，回転運動を基本に運動の伝達の基礎事項を順次学べるようにした。機構学に接する第一歩のために説明は簡潔にし，そ

の内容は例題を解くことにより理解を深められるようにした。

　本書は当初山海堂より刊行されたものであるが，新たに東京電機大学出版局より刊行されることとなった。この機会に若干の補足を行い，読みやすいレイアウトとした。レイアウトにあたり多大な助力をいただいた植村八潮，石沢岳彦両氏に謝意を表す。

　終わりに，本書に引用させていただいた参考文献は巻末に記した。著者の方々に謝意を表す。

　2008年10月

著者

Contents

第1章 総論 1

1.1 機械と社会 1
1.2 機械 4
    1.2.1 機械の定義 4
    1.2.2 機械の種類 5
1.3 機械の構成 5
1.4 機構 7
1.5 機械の運動 8
    1.5.1 平面運動 8
    1.5.2 球面運動 12
    1.5.3 らせん運動 12
1.6 運動の瞬間中心 14
1.7 運動伝達の方法 18
演習問題 22

第2章 摩擦伝動装置 23

2.1 ころがり接触 23
2.2 ころがり接触をする従節の輪郭 25
2.3 速度比 25
    2.3.1 速度比が一定の場合 26
    2.3.2 速度比が一定でない場合 32
2.4 摩擦車 37
    2.4.1 円筒摩擦車 38
    2.4.2 溝付き摩擦車 40
2.5 変速摩擦伝動装置 41
演習問題 47

第3章 歯車装置 48

- 3.1 すべり接触 48
- 3.2 歯形曲線 50
- 3.3 歯車の種類 53
  - 3.3.1 2軸が平行の場合 53
  - 3.3.2 2軸が交わる場合 54
  - 3.3.3 2軸が平行でもなく,交わりもしない場合 55
- 3.4 自動車における歯車の役割 56
- 3.5 歯車各部の名称と寸法 61
  - 3.5.1 歯車各部の名称 61
  - 3.5.2 寸法 63
- 3.6 インボリュート歯形のかみ合い 66
  - 3.6.1 インボリュート歯形 66
  - 3.6.2 かみ合い率 69
  - 3.6.3 干渉と切下げ 72
- 3.7 歯車伝動 77
  - 3.7.1 速度比 77
  - 3.7.2 伝達力 79
  - 3.7.3 トルク 83
- 3.8 変速歯車装置 83
- 3.9 歯車列とその応用 86
  - 3.9.1 中心固定の歯車列 86
  - 3.9.2 差動歯車列(ディファレンシャルとオートマチックトランスミッション) 93

演習問題 112

第4章 巻掛け伝動装置 114

- 4.1 ベルト伝動 114
  - 4.1.1 速度比 115
  - 4.1.2 ベルトの長さ 118

   4.1.3 　伝達力　121

   4.1.4 　ベルトの強度　126

   4.1.5 　平行でない 2 軸間のベルト伝動　127

 4.2 　ベルト伝動による変速装置　128

   4.2.1 　有段変速　128

   4.2.2 　無段変速　131

 4.3 　V ベルト　133

 4.4 　V リブドベルト　137

 4.5 　歯付きベルト　138

 4.6 　チェーン　139

 4.7 　ロープ　143

 演習問題　144

第 5 章　リンク装置　145

 5.1 　連鎖と機構　145

 5.2 　4 つの回り対偶よりなる機構　146

   5.2.1 　てこクランク機構　146

   5.2.2 　両てこ機構　149

   5.2.3 　両クランク機構　151

 5.3 　3 つの回り対偶と 1 つのすべり対偶よりなる機構　152

   5.3.1 　往復スライダクランク機構　153

   5.3.2 　揺動スライダクランク機構　158

   5.3.3 　回りスライダクランク機構　159

   5.3.4 　固定スライダクランク機構　160

 5.4 　2 つの回り対偶と 2 つのすべり対偶よりなる機構　161

   5.4.1 　往復両スライダクランク機構　161

   5.4.2 　固定両スライダクランク機構　163

   5.4.3 　回り両スライダクランク機構　164

 5.5 　平行運動機構　164

 5.6 　直線運動機構　165

 5.7 　球面運動機構　170

演習問題　174

第6章　カム装置　175

- 6.1　カム伝動　175
- 6.2　カムの種類　176
  - 6.2.1　平面カム　177
  - 6.2.2　立体カム　177
- 6.3　カム変位線図　180
- 6.4　従節の運動とカム線図　181
  - 6.4.1　等速度運動　181
  - 6.4.2　等加速度運動　183
  - 6.4.3　単振動　185
- 6.5　カムの輪郭　187

演習問題　198

問題の解答　199

参考文献　210

付表　211

索引　216

第1章 総論

機構学（Mechanism）は，機械の動きを理解するための学問である．機械の動きを理解するためには，機械を構成している各部とそれらの相互の動き，すなわち機械を構成している基礎的な機構の運動を知る必要がある．機械の設計において，必要部品の選定と部品の組合わせを考えるとき，機構学で学ぶ知識が必要となる．機械の本質は運動であることから，機構学を**機械運動学**（Kinetics of Machine）ともいう．

1.1 機械と社会

機械の歴史は，人間が原始の時代に自然にあるものを道具として使用することから始まったといえる．適当な形の石を矢じりとし，木の棒につるを付けることにより弓とした．また，はじめて回転運動を利用したものとしては弓きりがある．新石器時代の金属の登場は，のこぎり，のみ，ナイフ，刀剣を産み，木材を加工して，水車をつくることになる．流水を利用した水車の登場は，人力や畜力に頼っていた仕事を変化させ，中世ヨーロッパ各地で製粉用の水車小屋として広まる．水車の発達は歯車の製作をうながし，15〜16世紀には各種の伝動装置がつくられた．18世紀の織物機械の発達はイギリスの産業革命の端緒となった．蒸気機関の発明によって紡績工場などがつくられ，家内制手工業から工場制手工業に移行し，社会制度を変化させることになる．製鉄技術の発達は，工作機械の精密な加工を可能にし，手工業の段階に終わりを告げることになる．19世紀末には，内燃機関，蒸気機関の発達による蒸気タービン，発電機などが発明され，自動車が登場する．

20世紀に入ってからは，画期的な新しい機械の発明というものはなかったが，従来の機械の構造と性能が著しく改良された．また，1910年代より本格的となった大量生産方式は，社会を急激に変化させることになった．縄文の石斧と弥生の鉄斧，1950年代のチェーンソーを木を倒す時間から仕事の効率を考えると1：

4：400であるという。生産方式の変化は環境問題を提示することになる。産業革命以前は 280 ppm 程度であった大気中の CO_2 の濃度は，1990年代 350 ppm を超え，現在も1年に2 ppm 程度の割合で増加している。移動手段として魅力を有する自動車も，交通事故など社会問題を生み出している。

急激な電子技術の進歩とあいまってマイクロマシン（超小型機械）や学習能力を有する能動的機械の登場により，今後も人間の生活に機械は，以前にかわらず重要な役割を果たすものと考えられる。

例題 1.1

自動車の環境問題について考えよ。

[解答] 排気ガス（NO_x, HC, CO, PM），騒音（1992年，中央公害審議会），省エネルギー，CO_2 対策（1997年，京都議定書），リサイクル（1991年，自動車部品リサイクル法／2005年，自動車リサイクル法），フロン（1988年，特定フロン廃止）などの問題を考える必要がある。走る，曲がる，止まる，といった性能を求められてきた自動車は，さらに環境，資源・省エネルギー，安全（予防安全，事故回避），情報といった問題についても対処することが求められている。各自いろいろ考えて，調査するとよい。

問題 1.1

ppm とは何か。

例題 1.2

ロボットとは何か。

[解答] ロボットという言葉は，チェコの作家カレル・チャペックの造語であり，1920年に発表された同氏の戯曲「ロッサムズ・ユニバーサル・ロボット」ではじめて使われたといわれている。ロボットの定義はさまざまであるが，その一例は，ロボット（robot）とは人間や動物に似た外見をもち，感覚や知能を用いて作業できる機械というものである。機械という観点から，ロボットは物を運んだりボルトを締めるなどの作業ができ

るということが基本である。しかし，ロボットの作業はNC工作機械による高度とはいえ単一の加工作業でなく，汎用的な作業能力を意味する。すなわち，ロボットは作業を行う手と移動するための足を合わせた動作機能，作業状況や周囲の環境を知覚する機能，知覚情報に基づいてとるべき行動を判断し，決定する人工知能を有する機械である。ロボットの知覚，判断，決定の能力には限りがあるので，ロボットと人間との情報連絡機能が重要である。各種産業用ロボットが活躍し，人間型ロボットも登場（1996年，本田技術研究所）しているので，その実態について調査するとよい。

例題 1.3

マイクロマシンとは何か。

[解答] 微細で複雑な作業を行う大きさ数mm以下の機能要素から構成された微小な機械をマイクロマシン（micro machine）という。1988年にカリフォルニア大学で開発された静電マイクロモータのロータ直径はわずか60 μm である。マイクロマシンは，各種機械システムの複雑化，精密化に伴う高度で精緻なメンテナンス技術を必要とする産業分野や，患者の肉体的苦痛の少ない高度で精緻な医療技術を必要とする医療福祉分野等広い分野で関心がもたれている。マイクロマシンは知的能力を飛躍的に向上させた機械で，機械の進化を意味し，社会を変えるともいわれている。マイクロマシンに関する研究開発が世界各国で行われている。その内容について調査するとよい。

例題 1.4

自動車の歴史について調べよ。

[解答] 日本に自動車が渡来したのは1898年，最初の国産ガソリン自動車は1907年につくられたといわれる。日本の自動車産業の端緒はフォード社による。1926年横浜に自動車工場が建設され，T型フォードの生産が開始された。初代クラウンは1955年に初代スカイラインは1957年

に登場する。国民車第1号といわれるスバル360の登場が1958年である。基幹産業となっている自動車の歴史をこの機会に調査するとよい。約2万点の部品から構成されている自動車は，機械技術の集合体といえる。自動車の高品質性は，鉄鋼産業など基礎産業の優秀性によるところも多い。

　自動車の歴史を性能，機能の観点から調べるのもよいと思う。自動車の安全走行に関し，運転者の補助機能として路上障害物衝突防止システム，キープレーンシステム，交差点停止システム，コーナー進入減速システム，後側方警報システム，歩行者警報システムなどが検討されている。ハイブリッド車（1997年，トヨタ）の登場など自動車の在り方，将来の自動車の姿などいろいろ考えるとよい。

1.2　機械

　機械とは何であるかという定義は案外難しい問いである。日本の科学技術用語の多くは，明治前後あるいはそれ以降に外国語の和訳語として登場した。その中で機械という言葉は，紀元前4世紀ごろ中国の哲学者荘周の思想を記述した書物荘子の外篇第十二天地の中にはじめて登場するといわれている。そこでは，機械は水汲みに使用された跳ね釣瓶を指す言葉として使われている。

1.2.1　機械の定義

　機械とは何かという概念も今後変わっていくと思われるが，ここでは工学分野で一般にいわれている機械の定義を述べる。それは，Reuleaux（ドイツ，1875年，理論運動学）によるもので，次のような条件をもつものが**機械**（machine）である。
①強度と剛性を有する，すなわち抵抗性のある物体の組合わせである。
②各部は互いに一定の相対運動をし，その運動は限定されている。
③外部からエネルギーの供給を受け，受けたエネルギーを機械的エネルギーに変えて有効な機械的仕事をする。
　機械としての条件をそなえていない，のこぎり，ハンマ，スパナなどは**工具**

(tool)，鉄塔，橋などは**構造物**（structure），マイクロメータ，天秤，時計，測長機などは**器具**（instrument）という。精密機械という言葉があることから，時計は機械でないことに若干違和感があるかもしれない。一方，ボイラーは構成部品の相互運動はないので機械とはいえないが，機械としている例もある。

例題1.5

時計は機械であるといえるか。

[解答]　時計は他に対して機械的な仕事をしているわけではなく，人間の感覚を補助しているものとして，機械と区別して器具と呼んでいる。
　　　はさみなど機械としての条件をそなえているが，機械らしくないものもある。この機会に，機械とは何か，機械と人間の関係は今後どのようになっていくのかなど，いろいろ考えるとよい。

1.2.2　機械の種類

機械は多種多様であるが，働きによって**原動機**，**作業機**，**伝達機**の3つに大別される。

①原動機：水力，風力，火力などによるエネルギーを機械的エネルギーに変換するもので，水車，風車，蒸気機関，蒸気タービンなどがあり，自動車ではエンジンがある。

②作業機：外から動力を受けて物をつくるなど有効な仕事をするもので，工作機械，紡織機械，印刷機械がある。

③伝達機：原動機から作業機へ適当な方向，速さで動力を伝達するもので，自動車ではトランスミッション，ディファレンシャルなどがある。

なお，機械の種類を目的によって動力機械，作業機械，測定機械，知能機械の4つに分類する考えもある。

1.3　機械の構成

機械の構成は，図1.1に示すように，①外部からエネルギーの供給を受ける部

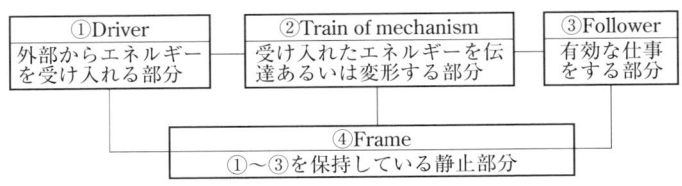

図 1.1　機械の構成

分（Driver），②受けたエネルギーを伝達あるいは変換する部分（Train of mechanism），③有効な機械的仕事をする部分（Follower），そして④これらの部分を保持する固定節であるフレーム（Frame）からなり立っている。

機械に与えられたエネルギーは，実際には，その一部が有効な仕事に利用される。機械がする有効な仕事と供給エネルギー（全仕事）の比を**効率**（efficiency）η という。幾つかの機械を組合わせてつくった装置全体の効率は，それぞれの機械の効率の積（$\eta = \eta_1 \eta_2 \cdots \eta_n$）となる。

例題 1.6

機械の構成の具体例を確認せよ。

[解答]　一例として，図 1.2 に自動車のエンジンの簡略な模式図を示した。① Driver がピストン，② Train of mechanism が連接棒（コネクティングロッド，コンロッド），クランクアーム，③ Follower がクランクシャフト，④ Frame がシリンダブロックで，シリンダ，クランクシャフトを保持している。燃焼ガス圧力がピストンに作用し，ピストンピン，連接棒を介してクランクアームに力が伝達され，軸トルクとしてクランクシャフトを回転させる。ガソリンエンジンの効率（熱効率）は，最高で 30% 程度である。

軸トルクはトランスミッション，ディファレンシャルを介してタイヤを回転させる駆動

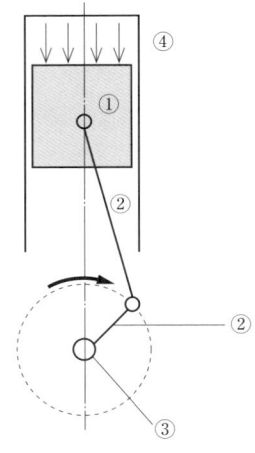

図 1.2　エンジンの模式図

トルクとなる（3.4 節参照）。

1.4 機構

2 個あるいは 2 個以上の抵抗性のある物体の組合わせからなり，一方の物体を固定したとき，他方の物体がこれに対して限定運動をするような物体の組合わせを**機構**という。機構を構成する物体（部品）を**機素**（機械要素，machine element）といい，軸，軸受，ボルト，ナット，歯車，ベルトなどをいう。

2 つの機素が相接して相互に運動しているとき，その結び付きを**対偶**（pair）という。対偶は**面対偶**と**線点対偶**に大別される。

① 面対偶：機素同士が面で接触しているもので，すべり運動をする。図 1.3 に示すように，接触の状態により**すべり対偶，回り対偶，ねじ対偶，球面対偶**などに分類される。球面対偶の一例にピロボールがある。

② 線点対偶：機素同士が線または点で接触しているもので，**すべり運動ところがり運動**をする。軽快に動くことができ，込み入った運動を伝えることができる。ボールベアリング（玉軸受）は**点接触**，ローラベアリング（ころ軸受）は**線接触**している一例である。

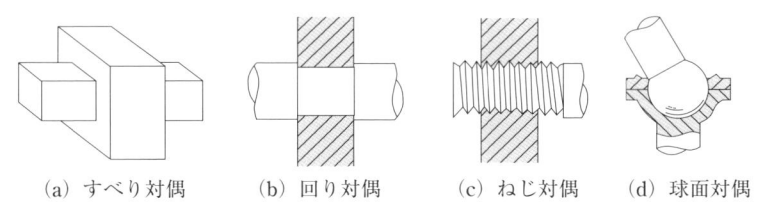

(a) すべり対偶　　(b) 回り対偶　　(c) ねじ対偶　　(d) 球面対偶

図 1.3　面対偶

例題 1.7

軸と軸受の役割を確認せよ。

[解答]　回転軸を支える部品を軸受（ベアリング），軸受に接する軸の部分をジャーナルという。軸受にはすべり軸受ところがり軸受がある。すべり軸受は面で軸を支え，面対偶である。軸との接触面には摩滅したとき交換

する軸受メタルを用いるため，すべり軸受は単にメタルと称される。ころがり軸受は軸を玉やころを介して支え，線点対偶である。

軸は軸受によって支えられ，目的に応じて歯車などが取り付けられ，継手によって他の軸と連結される。機構は軸が中心となり構成されているといえる。一般に軸は，軸心が真直な直軸であり，歯車やプーリなどをもつ伝動軸として使用される。

問題 1.2 伝動軸が直軸でない例を確認せよ。

1.5 機械の運動

機械は非常に複雑な運動をするように見えるが，その運動を分析してみると実はそれほど複雑なものではなく，ほとんど**平面運動**（plane motion），**球面運動**（spherical motion），**らせん運動**（screw or helical motion）の3種のどれかである。すなわち，一見複雑な機械でも，その各部分の運動は比較的簡単な機構によっており，機械はその組合わせでなり立っている。

1.5.1 平面運動

平面運動とは，機械を構成している各部が平面上を運動するものである。平面運動は各部の運動経路により**並進運動**（translation）と**回転運動**（rotation）に分類することができる。平削り盤のテーブルや旋盤の往復台は並進運動をする機械の構成部であり，歯車やベルト車は回転運動をする機械の構成部である。

平面運動は並進運動または回転運動によってなり立っている。図1.4において，物体がある一定時間の間に A_0B_0 の位置から AB の位置に運動をしたとする。このとき，途中の状況がわからなければ，図1.5 (a) に示すように，A_0B_0 が並進運動をして $AB_0{}'$ の位置に行き，次に回転運動によって AB の位置になったと考えられる。また，図1.5 (b) に示すように，A_0A と B_0B の垂直二等分線の交点 O を中心にして，回転運動だけによって A_0B_0 が AB の位置になったとも考えられる。

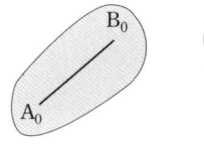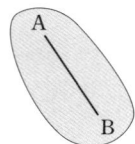

図 1.4 平面運動

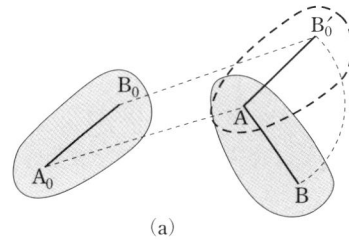   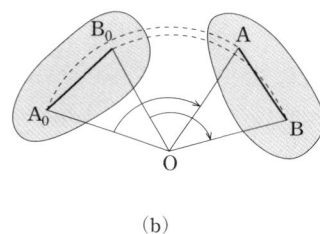

(a)　　　　　　　　　　　　(b)

図 1.5 平面運動の分解

機械構成部の運動の基本である等速回転運動を考える。図 1.6 において，円周上を t 秒間に $\stackrel{\frown}{AB}$ の距離 S 〔m〕移動したとする。中心角を θ 〔rad〕とすると，

$$S = r\theta \qquad ①$$

ここで，r は半径〔m〕である。両辺を t で割れば，

$$\frac{S}{t} = \frac{r\theta}{t} \qquad ②$$

ここで，S/t は速度 V，θ/t は回転角 θ の時間的変化，すなわち角速度 ω であるので，

$$V = r\omega \qquad (1.1)$$

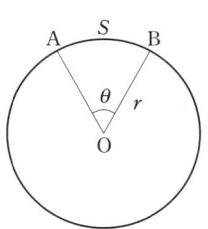

図 1.6 回転運動

回転している円板の円周速度 V〔m/s〕，角速度 ω〔rad/s〕および 1 分間の回転数 N〔rpm，min^{-1}〕との関係は，

$$V = \frac{2\pi rN}{60} = \frac{\pi DN}{60} \qquad (1.2)$$

$$\omega = \frac{2\pi N}{60} \qquad (1.3)$$

ここで，D は円板の直径〔m〕である。

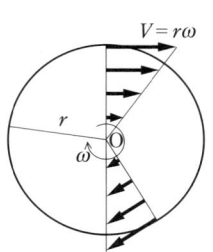

図 1.7 回転円板の速度

式(1.1)より，一定角速度で回転している円板の各部の速度の大きさは，図1.7に示すように，半径に比例することがわかる。円板の各部の速度の方向は，その点の回転半径に直角である。

例題 1.8

回転運動の仕事と動力を確認せよ。

[解答] 図1.8に示すように，一定の力Fが半径rと直角方向に作用して点O回りを角θ回転すると，力Fのした仕事Wは，

$$W = FS = Fr\theta = T\theta \qquad ①$$

ここで，Sは弧の長さ，$T(=Fr)$はねじりモーメント（トルク）である。

単位時間内に成される仕事量である動力Pは，

$$P = \frac{dW}{dt} = \frac{d(T\theta)}{dt} = \frac{\theta dT}{dt} + \frac{Td\theta}{dt} = T\omega \qquad ②$$

ここで，Tは一定であるから$dT/dt = 0$，角速度$\omega = d\theta/dt$である。また，動力Pは，

$$P = \frac{d(Fr\theta)}{dt} = \frac{Frd\theta}{dt} = Fr\omega = FV \qquad ③$$

ここで，Vは円周速度である。図がタイヤを示すと考えると，Fは駆動力，Tが駆動トルクである。

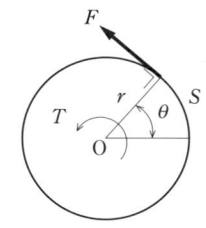

図1.8　回転運動の仕事

問題 1.3 自動車の走行抵抗が900 N，駆動輪の動荷重半径（有効回転半径）が30 cmである。駆動トルクを求めよ。

例題 1.9

ラジアン〔rad〕を確認せよ。

[解答] 図1.9に示すように，半径 r の円で半径に等しい長さの弧 AB に対する中心角の大きさを $\alpha°$ とすると，$r/2\pi r = \alpha/360°$ であるので，$\alpha = 180°/\pi$ となる。この半径 r に関係なく一定となる角 α を1ラジアン（1弧度）という。すなわち，ラジアンは次元をもたない量で，円弧の長さがちょうど円の半径に等しいときの中心角が 1〔rad〕にあたる。180°は π〔rad〕に等しい。

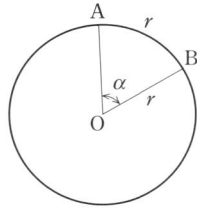

図1.9 ラジアン

問題 1.4
1 rpm は何 rad/s となるか。

例題 1.10

直径 50 cm の円板が毎分 200 回転しているとき，円周速度と角速度を求めよ。

[解答] 円周速度 V は，式 (1.2) より，

$$V = \frac{\pi DN}{60} = \frac{3.14 \times 0.5 \times 200}{60} = 5.23 \text{ m/s}$$

角速度 ω は，式 (1.3) より，

$$\omega = \frac{2\pi N}{60} = \frac{2 \times 3.14 \times 200}{60} = 20.9 \text{ rad/s}$$

問題 1.5
直径 30 cm の円板が 240 rpm で回転している。円周速度を求めよ。

問題 1.6
角速度 10 rad/s で回転している円板の回転数を求めよ。

問題 1.7
1 m/s は何 km/h となるか。

1.5.2 球面運動

球面運動とは,各部が空間内である一定点より等距離を保ちながら運動するものである。平面運動は,この球面運動の球の半径が無限大となった場合とみることができる。

1.5.3 らせん運動

らせん運動とは,1つの軸を中心に回転運動すると同時に,軸方向に直線運動するものである。ねじがその例である。

例題1.11

ねじの役割を確認せよ。

[解答] ねじは多用される機素である。ボルトとナットのような締結用が一般的であるが,ステアリング装置のボールねじ(3.4節参照),旋盤の送りねじなど運動伝達に使用される場合も多い。

図1.10(a)に示すように,直角三角形を円柱に巻き付けたとき,その斜面の部分がねじ面となる。pはねじのピッチ,dはねじ山の平均直径,αはリード角である。リードとは,ねじのらせんに沿って軸の回りを1周するとき,軸方向に進む距離で図中のp(多条ねじではpの条数倍)である。ねじに力Fを加えて1回転させると,ねじに与えた全仕事は$F\pi d$である。このとき,ねじの有効仕事は,軸方向に作用する力をWとすれば,Wpである。$Wp/(F\pi d)$をねじの効率ηという。

ねじで物体を押し付けたり締め付けたりするとき,図1.10(b)に示すように,斜面上の物体に底面に平行な力が作用していると考えてよい。摩擦係数をμとすると,ねじに加える力Fと軸方向に作用する力Wの関係は,

$$F\cos\alpha = W\sin\alpha + \mu(W\cos\alpha + F\sin\alpha)$$

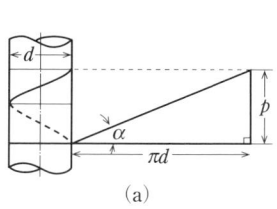 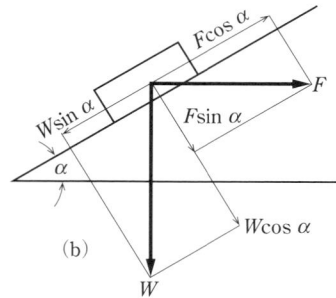

図 1.10 ねじ

$$\therefore F = \frac{(\mu \cos \alpha + \sin \alpha)W}{\cos \alpha - \mu \sin \alpha} \qquad ①$$

$\mu = \tan \lambda$ とすると,式①より,

$$F = \frac{(\tan \lambda \cos \alpha + \sin \alpha)W}{\cos \alpha - \tan \lambda \sin \alpha} = \frac{(\tan \lambda + \tan \alpha)W}{1 - \tan \lambda \tan \alpha}$$
$$= W \tan(\alpha + \lambda) \qquad ②$$

ねじの効率 η は,式②より,

$$\eta = \frac{Wp}{F \pi d} = \frac{W}{F} \tan \alpha = \frac{\tan \alpha}{\tan(\alpha + \lambda)} \qquad ③$$

万力,ジャッキの利用において,レバーの長さを L,レバー端に加える力を F_0 とすると,

$$\frac{Fd}{2} = F_0 L \qquad ④$$

ここで,$Fd/2$,$F_0 L$ は,ねじの軸回りのモーメント(トルク)である。

問題 1.8 ねじのピッチ $p = 13$ mm,ねじ山の平均直径 $d = 50$ mm のジャッキで重さ $1\,000$ kgf の物体をもち上げる。レバーの長さ $L = 1$ m,摩擦係数 $\mu = 0.15$ であるとき,ねじに加える力 F,レバー端に加える力 F_0 を求めよ。

1.6 運動の瞬間中心

運動している物体は，すべてある瞬間にはある点を中心として回転運動をしているものとみなすことができる。この点を**瞬間中心**（instantaneous center）という。図 1.11 に示す物体の運動の軌跡において，ある瞬間 A，B，C，D における運動は，それぞれ a，b，c，d を中心として回転運動をしているものとみなせる。このとき，a，b，c，d が瞬間中心である。

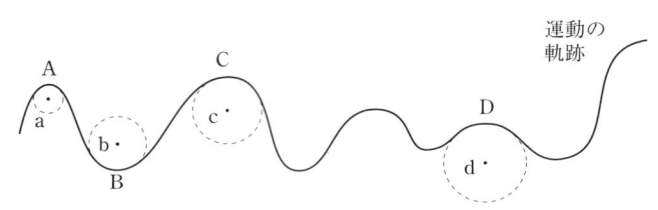

図 1.11　瞬間中心

図 1.7 で示したように，ある点が O を中心に円運動している場合，瞬間中心は常に O 点である。一方，図 1.12 に示すように，平板上を円板がすべることなくころがる場合，運動の瞬間中心は O′ である。すなわち，ころがっている円板をある瞬間に捕らえたとすると，円板上の各点は点 O′ を中心として回転運動している。道路上をタイヤが，線路上を車輪がころがる場合がその例である。このとき，任意の点の瞬間速度の方向は，瞬間中心とする円運動の円の接線方向であるから，任意の点と瞬間中心を結ぶ線分に直角になっている。

図 1.13 に示すように，物体上の 2 点 A，B の運動方向がわかっているとき，その物体の瞬間中心は，各運動方向に直角方向に結んだ線の交点 O となる。すなわち，A，B の両点は O を中心として運動している。A 点の O からの距離を r_A，速度を V_A，B 点の O からの距離を r_B，速度を V_B とすると，

$$V_A = r_A \omega$$
$$V_B = r_B \omega$$

したがって，

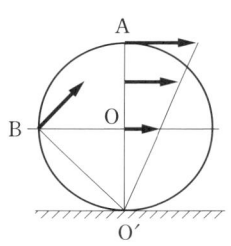
図 1.12 円板のころがり

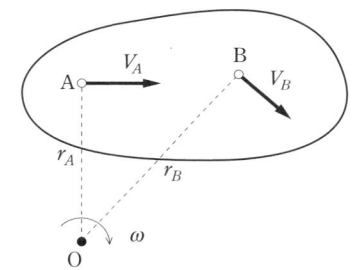
図 1.13 瞬間中心

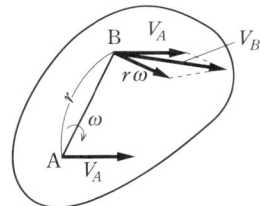

図 1.14 絶対速度と相対速度

$$\frac{V_A}{V_B} = \frac{r_A}{r_B} \tag{1.4}$$

となり，任意の点の速度は瞬間中心からの距離に比例する。

ある瞬間において，図 1.14 に示すように，A の絶対速度が V_A で，B は A の回りを角速度 ω で回転していたとする。B の絶対速度は V_B は，B の A に対する相対速度が $r\omega$ であるので，$r\omega$ と V_A との和である。

例題 1.12

水平面上をすべることなくころがる円板の瞬間中心を確認せよ。

[解答] 図 1.15 において，円板の中心 O の速度を V，円周上の任意の点 A における円周速度を V' とする。V と V' の大きさは等しい。A における絶対速度 U は，A の O に対する相対速度が V' で，O の絶対速度が V であるので，V と V' の合速度である。したがって，A において U に引いた垂線と O において V に引いた垂線の交点が瞬間中心となる。

OA⊥CD，OO′⊥DA，OA＝OO′，DA＝DC より，AC⊥AO′となるので，A における速度 U に引いた垂線は AO′である．一方，O における速度 V への垂線は OO″であるから，点 O″がころがる円板の瞬間中心である．A における速度 U に引いた垂線は AO′となるので，AC の延長線は点 O″を通る．

例題 1.13

図 1.15 において，円板の中心 O の速度 $V = 10$ m/s，∠AO′O $= 22.5°$ とする．点 A における絶対速度 U を求めよ．

[解答] △AOO′において OO′を r とすると，余弦定理より，

$$AO'^2 = AO^2 + OO'^2 - 2AO \cdot OO' \cos 135°$$
$$= r^2 + r^2 - 2r \cdot r \cos 135° = 3.414\, r^2$$

∴ AO′$= 1.848\, r$

AO′が OO′の 1.848 倍の距離なので，式 (1.4) より点 A における絶対速度 U は，

$$U = 1.848\, V = 1.848 \times 10$$
$$= 18.48 \text{ m/s}$$

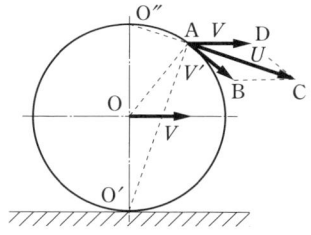

図 1.15 ころがる円板の瞬間中心

[別解] 例題 1.12 で述べたように，点 A における絶対速度 U は，円板の中心 O の速度 V と A における円周速度 V' の合速度である．△ADC において，余弦定理より，

$$U^2 = V^2 + V'^2 - 2V \cdot V' \cos 135°$$

与題より $V = V' = 10$ m/s であるので，

$$U^2 = 10^2 + 10^2 - 2(10)(10) \cos 135° = 341.42$$

∴ $U = 18.48$ m/s

例題 1.14

時速 200 km で走っている新幹線の車輪を考える。図 1.12 に示した点 O, A の速度を求めよ。

[解答]　与題より点 O（車輪中心）の速度 V_O は,

$$V_O = 200 \text{ km/h}$$

点 A の速度 V_A は, O'A が O'O の 2 倍の距離なので,

$$V_A = 200 \times 2 = 400 \text{ km/h}$$

例題 1.15

直径 50 cm の円板が平板上を毎分 200 回転でころがっている。図 1.16 に示した点 O, A, B の速度を求めよ。

[解答]　図示のように円板が 1 回ころがると，点 O の移動距離は円周に等しい。したがって，点 O の速度 V_O は,

$$V_O = \frac{\pi D N}{60} = \frac{3.14 \times 0.5 \times 200}{60} = 5.23 \text{ m/s}$$

点 A の速度 V_A は O'A が O'O の 2 倍の距離, 点 B の速度 V_B は O'B が O'O の $\sqrt{2}$ 倍の距離なので,

$$V_A = 2V_O = 10.46 \text{ m/s}$$
$$V_B = \sqrt{2}\, V_O = 7.40 \text{ m/s}$$

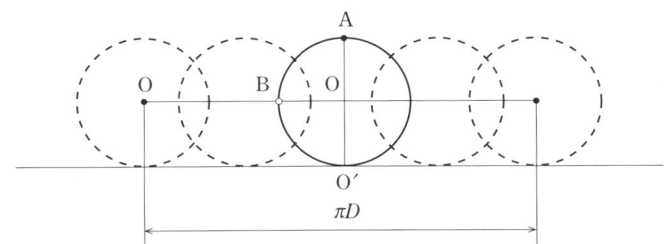

図 1.16　円板のころがり

問題 1.9　直径 30 cm の円板が毎分 240 回転でころがるとき，円板中心の速度を求めよ。

問題 1.10 直径 1 m の車輪がレール上を毎秒 1 回転でころがるとき，車輪中心の速度を求めよ。

例題 1.16

半径 r の円が直線上をころがるとき，円周上の点 P の軌跡を求めよ。

[解答] 図 1.17 に示すように，直線を x 軸にとり，点 P が直線上にあるときの位置を原点にとる。点 P の軌跡を示す図中の曲線を**サイクロイド**（cycloid）という。

点 P の軌跡を示す方程式を求める。ころがる円の中心が C まできたとき，円と x 軸の接点を Q，P から x 軸の QO および QC に引いた垂線の足を R，S とする。$\angle PCS = \theta$ とすると，P の座標 (x, y) は，

$$x = \mathrm{OR} = \mathrm{OQ} - \mathrm{RQ} = \widehat{\mathrm{PQ}} - \mathrm{PS} = r\theta - r\sin\theta$$
$$= r(\theta - \sin\theta) \qquad \text{①}$$
$$y = \mathrm{RP} = \mathrm{QS} = \mathrm{QC} - \mathrm{SC} = r - r\cos\theta = r(1 - \cos\theta) \qquad \text{②}$$

θ を媒介変数として表される式①，式②が点 P の軌跡を示す方程式である。

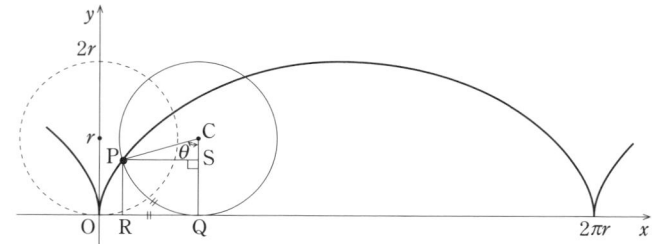

図 1.17 サイクロイド

1.7 運動伝達の方法

動力や運動が伝達されるとき，最初のエネルギーを受けて相手に運動を与えるものを**原節**（原動節，driver），原節によって動かされるものを**従節**（従動節，follower）という。原節から従節に動力や運動を伝達するものを**伝動装置**という。

原節 A から従節 B に運動が伝達されるとき，両節の間に**中間節** C を経て伝達される場合がある．中間節には歯車のような剛体のもの，ベルトのような屈曲自在なもの，そして油圧機における油のように液体などがある．

運動伝達の方法を大別すると，以下のようになる．直接接触，中間節による伝動装置の内容について次章以降順次説明する．

1. 直接接触
    ①ころがり接触：摩擦車
    ②すべり接触：カム
    ③ころがり接触とすべり接触：歯車
2. 中間節（媒介節）
    ①硬質中間節：連接棒
    ②屈撓質中間節：ベルト，チェーン
    ③流動質中間節：水，油，空気
3. 空間を隔てて行う：電磁場

例題 1.17

流動質中間節による運動伝達を確認せよ．

[解答] 流動質中間節による運動伝達を行っている実例として，流体継手（流体クラッチ）とトルクコンバータについて述べる．**流体継手**（fluid coupling）は図 1.18 (a) に示すように，原節の羽根車（ポンプ）と従節の羽根車（タービン）が向かい合い，流体（油）が両羽根車の運動を媒介する．原軸が回転すると，原節の羽根車内の流体は遠心力を受け，回転運動しながら従節の羽根車へ循環し，運動エネルギーを与え，従軸を回転させる．両軸のトルクは等しいので，流体継手はクラッチとしての作用をしている．**トルクコンバータ**（torque convertor）の原理的構造は流体継手と同じであるが，図 1.18 (b) に示すように，流体の循環経路に流体の方向を変える羽根車（ステータ，stator）が存在する．ステータにより流体の方向が変わり，従軸のトルクを増加させる．従軸の回転数が原軸の回転数に近づくと，伝達効率が急減するので，ワンウェイク

1.7 運動伝達の方法

ラッチ（動力の伝達が一方向のみ行うクラッチ）を作動させ，ステータを原軸と同方向に空転させる。ステータを空転させると，トルクコンバータは流体継手と同じ作用となり，従軸のトルクは原軸のトルクと等しい。

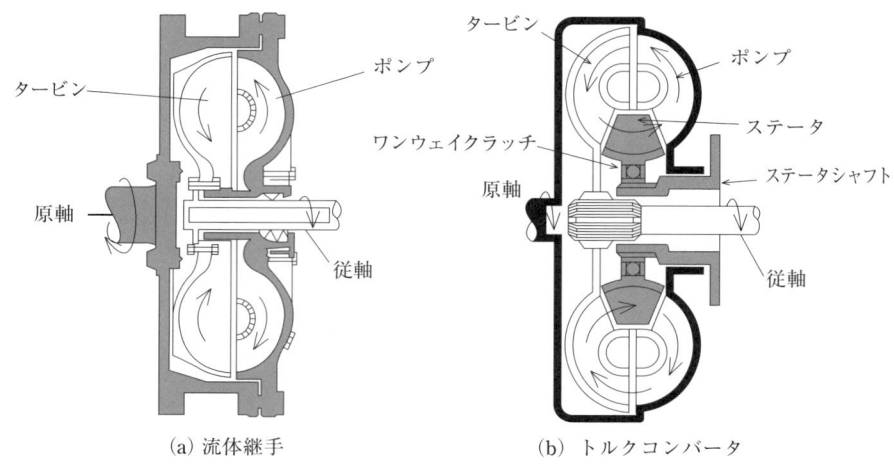

(a) 流体継手　　(b) トルクコンバータ

図 1.18　流動質中間節による運動伝達

問題 1.11　トルクコンバータにおいて，原軸（ポンプ軸）がトルク 150 N·m，3 000 rpm で回転し，従軸（タービン軸）がトルク 210 N·m，1 500 rpm で回転している。伝達効率を求めよ。

例題 1.18

流体の倍力作用を確認せよ。

[解答]　図 1.19 において，ピストン A の断面積はピストン B の断面積より小さい。パスカルの原理から圧力は等しいので，F を力，A, B を断面積とすれば，

$$\frac{F_A}{A} = \frac{F_B}{B}$$

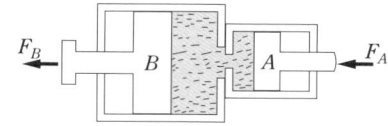

図 1.19　流体の倍力作用

ここで，$A < B$ だから $F_A < F_B$ となり，作用力が大きくなる。

自動車の油圧式ブレーキ装置において，A がマスタシリンダのピストン，B がホイールシリンダのピストンである。

問題 1.12 図1.20において，ブレーキペダルを 200 N の力で押し込んだ。マスタシリンダのピストンに作用する力 F_A，ホイールシリンダのピストンに作用する力 F_B を求めよ。

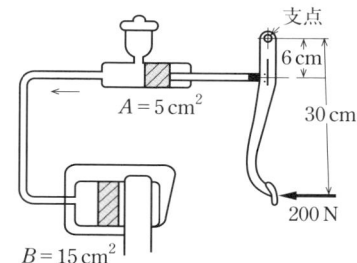

図 1.20　油圧式ブレーキ装置

問題 1.13 電磁場における運動伝達の実例を確認せよ。

演習問題

❶ 直径 40 cm の円板が 240 rpm で回転しているとき，角速度と円周速度を求めよ．

❷ 直径 400 mm の円板が角速度 10 rad/s で回転しているとき，円周速度と回転数を求めよ．

❸ 直径 40 cm の車輪が平板上を 1 分間に 240 回転でころがるとき，車輪中心の速度を求めよ．

❹ 図 1.21 は 10 m/s で平板上を走行中の車輪（直径 40 cm）を示す．この車輪が 1 秒で平板上をころがる回転数を求めよ．また，車輪中心を O とし，O, A, B, C 点の速度を求めよ．

❺ 図 1.22 (a) に示すように，大きさが異なる半円の中心を同一にして重ね合わせた物体が平板上をころがるとき，中心 O の軌跡を確認せよ．

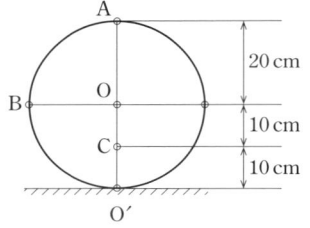

図 1.21　走行中の車輪

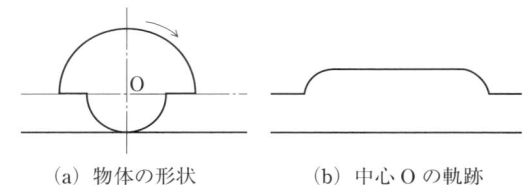

(a) 物体の形状　　(b) 中心 O の軌跡

図 1.22

第2章 摩擦伝動装置

　原節と従節が直接接触によって運動しているとき，両節の接触点においてすべりがない場合を**ころがり接触**（rolling contact），すべりがある場合を**すべり接触**（sliding contact）という。ころがり接触により回転運動を伝達する機素の代表例が本章で述べる摩擦車である。一方，すべり接触により回転運動を伝達する機素の代表例は次章で述べる歯車である。

2.1 ころがり接触

　図2.1に示すように，原節A，従節Bが点Pで接触し，それぞれ角速度 ω_A，ω_B で回転している。接触点Pにおいて，原節Aの速度 V_A は回転半径 $O_A P$ に垂直方向，従節の速度 V_B は回転半径 $O_B P$ に垂直方向である。速度 V_A をP点の共通法線NN′と共通接線TT′の方向に分速度（V_A', V_A''）をとり，同様に速度 V_B の分速度（V_B', V_B''）をとれば，図2.1においては，$V_A' \neq V_B'$，$V_A'' \neq V_B''$ となっている。$V_A' \neq V_B'$ は両節が離れるか，食い込むこと，$V_A'' \neq V_B''$ は両節がすべること

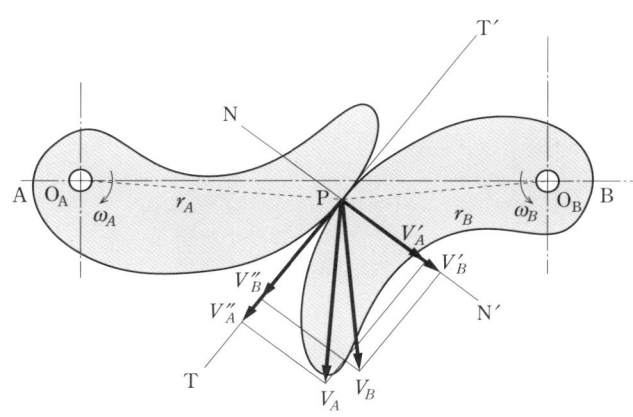

図2.1　2節（原節と従節）の接触

を意味する．

したがって，原節Aと従節Bが絶えず接触して運動するためには，両節の共通法線方向の分速度 V_A' と V_B' が等しいことが必要である．

ころがり接触の条件は，絶えず接触してすべりがないことである．すなわち，

$$V_A' = V_B' \tag{①}$$

$$V_A'' = V_B'' \tag{②}$$

式①，式②より，

$$V_A = V_B \tag{③}$$

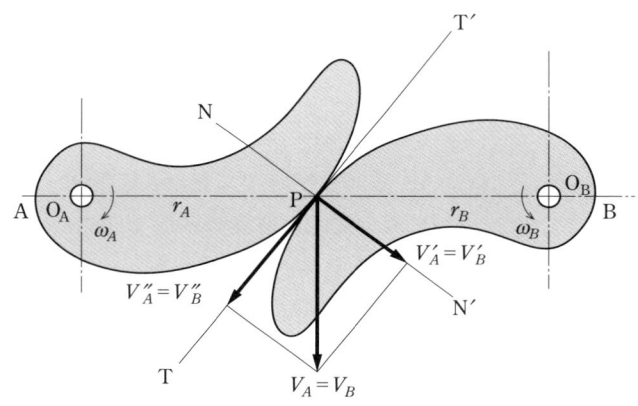

図2.2　ころがり接触

したがって，図2.2に示すように，ころがり接触をする原節と従節の接触点Pは，両節の中心 O_A，O_B を結ぶ線上に存在する．回転半径 $O_A P$，$O_B P$ を r_A，r_B とすると，

$$V_A = r_A \omega_A \tag{④}$$

$$V_B = r_B \omega_B \tag{⑤}$$

ここで，$V_A = V_B$ だから，

$$\frac{\omega_B}{\omega_A} = \frac{r_A}{r_B} \tag{2.1}$$

となる．つまり，ころがり接触をする両節の角速度は接触点と中心との距離に反比例し，角速度比 ω_B/ω_A は接触点が両節の中心を結ぶ線分 $O_A O_B$ を分割する線分の長さの比に反比例する．

2.2 ころがり接触をする従節の輪郭

　原節の輪郭が与えられたとき，原節ところがり接触をする従節の輪郭の作図は，ころがり接触をする2つの節の接触点は両節の回転中心を結ぶ線上にあることと，回転中に接触する輪郭の長さは等しいことから求められる．

　図2.3において，A は O_1 を中心とする原節の輪郭曲線である．O_2 を中心としてころがり接触をする輪郭曲線 B を求める．まず，中心 O_1，O_2 を結ぶ．ころがり接触の条件から，接触点は中心連結線 O_1O_2 上になければならないから，A の輪郭と O_1O_2 の交点 P は接触点のひとつである．次に A の輪郭を適当に a_1, a_2, a_3, … と分割し，P_1 を O_1a_1 を半径とする円と中心連結線 O_1O_2 が交わった点とする．そして，P_1O_2 を半径とする円と Pa_1 を半径とする円との交点 b_1 を求める．同様にして b_2, b_3 を求め，b_1, b_2, b_3, … を滑らかな曲線で描くと従節 B の輪郭が求められる．B の輪郭を求める際，例えば b_1 では $\overset{\frown}{Pa_1}$ と $\overset{\frown}{Pb_1}$ が等しくなる必要があるので，A の輪郭の分割はほぼ直線とみなされる程度にする．

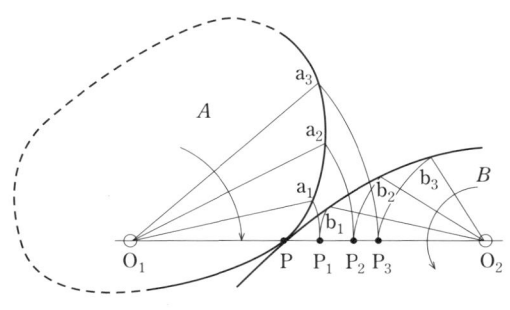

図2.3　従節の輪郭

2.3 速度比

　速度比（速比）i は，

$$i = \frac{\text{従節（出力）の回転数}}{\text{原節（入力）の回転数}} = \frac{\text{従節の角速度}}{\text{原節の角速度}} \tag{2.2}$$

ここで，分母に原節の値があることに注意する．回転比，角速度比を速度比と称してよい．自動車においては，第3章で述べるように，i の逆数を変速比（減速比）として用いている．例えば，速度比 1/3 は変速比（減速比）3 のことである．

ころがり接触をしている2つの節において，式 (2.1) に示した速度比（角速度比）が一定である場合と一定でない場合がある．速度比が一定であるときは，図2.3 における接触点 P は $O_1 O_2$ 上の定点であるので，2つの節の輪郭曲線の形はともに回転中心 O_1, O_2 を中心とする円になる．

2.3.1 速度比が一定の場合

(1) 2軸が平行な場合

この場合の接触面は円柱面である．図2.4 に示すように，2節が外接するときを考える．D を直径，N を回転数〔rpm〕とすると，両節の円周速度は等しいので，

$$V = \frac{\pi D_1 N_1}{60} = \frac{\pi D_2 N_2}{60}$$

したがって，速度比 i は，

$$i = \frac{N_2}{N_1} = \frac{D_1}{D_2} \tag{2.3}$$

中心距離 C は，

$$C = \frac{D_1 + D_2}{2} \tag{2.4}$$

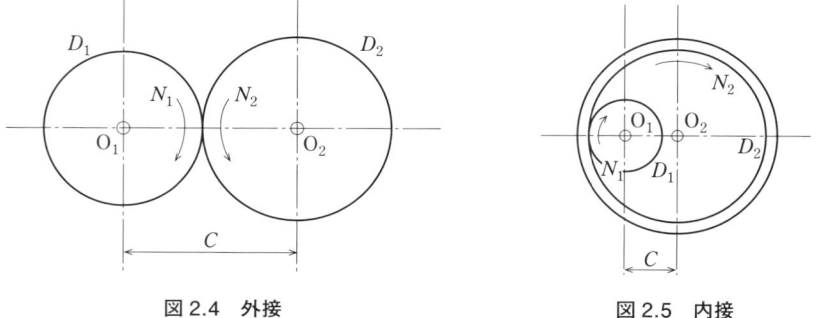

図2.4 外接   図2.5 内接

図 2.5 に示す 2 節が内接するとき，式 (2.3) は成立する．中心距離 C は，

$$C = \frac{D_2 - D_1}{2} \tag{2.5}$$

ここで，$D_2 > D_1$ である．$D_2 < D_1$ ならば，$C = (D_1 - D_2)/2$ となる．

例題 2.1

外接する円板車の速度比 2/3，中心距離 150 mm であるとき，原車と従車の直径を求めよ．

[解答] 式 (2.3)，式 (2.4) より，

$$\frac{D_1}{D_2} = \frac{2}{3} \qquad \text{①}$$

$$\frac{D_1 + D_2}{2} = 150 \qquad \text{②}$$

式①，式② より D_1, D_2 について解くと，

$$D_1 = 120 \text{ mm}, \quad D_2 = 180 \text{ mm}$$

問題 2.1 内接する円板車の速度比 2/3，中心距離 150 mm であるとき，原車と従車の直径を求めよ．

例題 2.2

速度比 i と中心距離 C が与えられているとき，外接，内接する各場合について原車と従車の直径を求めよ．

[解答] 外接のときは，式 (2.3)，式 (2.4) より，

$$\left. \begin{array}{l} D_1 = \dfrac{2Ci}{1+i} \\[6pt] D_2 = \dfrac{2C}{1+i} \end{array} \right\} \tag{2.6}$$

内接のときは，式 (2.3)，式 (2.5) より，

$$
\left.\begin{aligned}
D_1 &= \frac{2Ci}{1-i} \\
D_2 &= \frac{2C}{1-i}
\end{aligned}\right\} \quad (2.7)
$$

問題 2.2 式 (2.7) は $D_2 > D_1$ の場合である。$D_2 < D_1$ のとき，D_1，D_2 を求めよ。

例題 2.3

図 2.6 に示すように，A，B 車の間に C 車を入れて A，C，B の順にころがり接触をしているとき，速度比 N_B/N_A を求めよ。

［解答］ A と C，C と B を一対として考える。

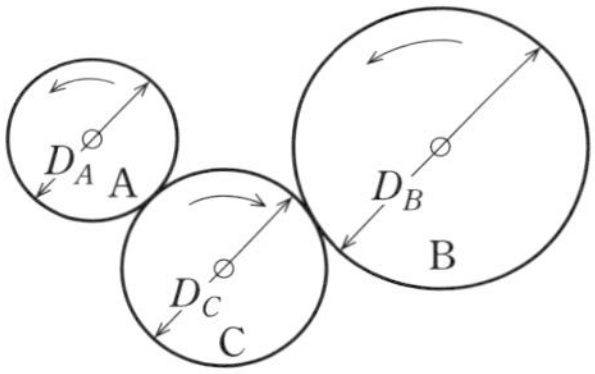

図 2.6　遊び車

$$
i_{AC} = \frac{N_C}{N_A} = \frac{D_A}{D_C}
$$

$$
i_{CB} = \frac{N_B}{N_C} = \frac{D_C}{D_B}
$$

したがって，速度比 N_B/N_A は，

$$
i_{AB} = i_{AC} \cdot i_{CB} = \frac{D_A}{D_C} \cdot \frac{D_C}{D_B} = \frac{D_A}{D_B} \quad ①
$$

A，B 車が直接接触している場合の速度比は，

$$
i = \frac{N_B}{N_A} = \frac{D_A}{D_B} \quad ②
$$

式①，式②より，C 車の存在は A と B の速度比には関係しないことがわかる。この C 車を**遊び車**（idle wheel）という。ただし，C 車の存在は，A と B が直接接触している場合と比べると，B の回転方向を変え A と B の軸間距離（中心距離）を増している。

問題 2.3 図 2.6 において，$D_A = 500$ mm，$D_B = 400$ mm，$D_C = 800$ mm である。$N_A = 100$ rpm のとき，N_B，N_C を求めよ。

(2) 2軸が交わる場合

この場合の接触面は**円すい面**である。図 2.7 に示すように,外接する円すい車の頂角の半分を α_1, α_2, 2 軸の交角を θ とする。接触線上の 1 点 P から軸に引いた垂線の長さをそれぞれ r_1, r_2 とすると,速度比 i は,

$$i = \frac{N_2}{N_1} = \frac{r_1}{r_2} = \frac{OP \sin \alpha_1}{OP \sin \alpha_2}$$
$$= \frac{\sin \alpha_1}{\sin \alpha_2} \qquad ①$$

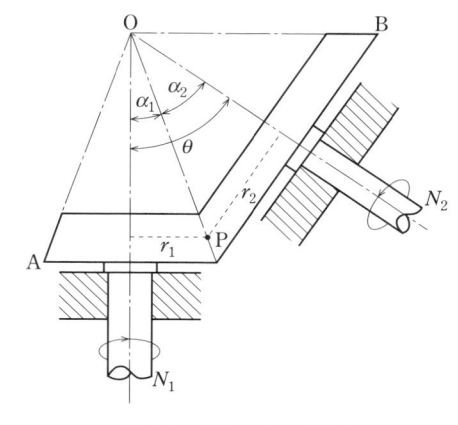

図 2.7 円すい車(外接)

また,

$$\theta = \alpha_1 + \alpha_2 \qquad ②$$

式①,式②より α_2 を消去すると,

$$\frac{N_2}{N_1} = \frac{\sin \alpha_1}{\sin(\theta - \alpha_1)} = \frac{\sin \alpha_1}{\sin \theta \cos \alpha_1 - \cos \theta \sin \alpha_1}$$
$$= \frac{\tan \alpha_1}{\sin \theta - \cos \theta \tan \alpha_1} \qquad ③$$

式①,式②より α_1 を消去すると,

$$\frac{N_2}{N_1} = \frac{\sin(\theta - \alpha_2)}{\sin \alpha_2} = \frac{\sin \theta \cos \alpha_2 - \cos \theta \sin \alpha_2}{\sin \alpha_2}$$
$$= \frac{\sin \theta - \cos \theta \tan \alpha_2}{\tan \alpha_2} \qquad ④$$

式③より $\tan \alpha_1$,式④より $\tan \alpha_2$ を求めると,

$$\left. \begin{array}{l} \tan \alpha_1 = \dfrac{\sin \theta}{\dfrac{N_1}{N_2} + \cos \theta} \\[2ex] \tan \alpha_2 = \dfrac{\sin \theta}{\dfrac{N_2}{N_1} + \cos \theta} \end{array} \right\} \qquad (2.8)$$

2.3 速度比

式 (2.8) から 2 軸の交角 θ と速度比 i がわかると α_1, α_2 を求めることができ，円すい車の形状を決定できる．2 軸が直角（$\theta=90°$）のとき，式 (2.8) より，

$$\tan \alpha_1 = \frac{N_2}{N_1} \quad , \quad \tan \alpha_2 = \frac{N_1}{N_2} \tag{2.9}$$

例題 2.4

図 2.8 に示すように円すい車が内接するとき，$\tan \alpha_1$, $\tan \alpha_2$ を求めよ．

[解答]
$$i = \frac{N_2}{N_1} = \frac{r_1}{r_2} = \frac{\sin \alpha_1}{\sin \alpha_2} \qquad ①$$

$$\theta = \alpha_1 - \alpha_2 \qquad ②$$

式①，式②より，式 (2.8) の導出を参考にすれば，

$$\tan \alpha_1 = \frac{\sin \theta}{\cos \theta - \dfrac{N_1}{N_2}} \quad , \quad \tan \alpha_2 = \frac{\sin \theta}{\dfrac{N_2}{N_1} - \cos \theta} \tag{2.10}$$

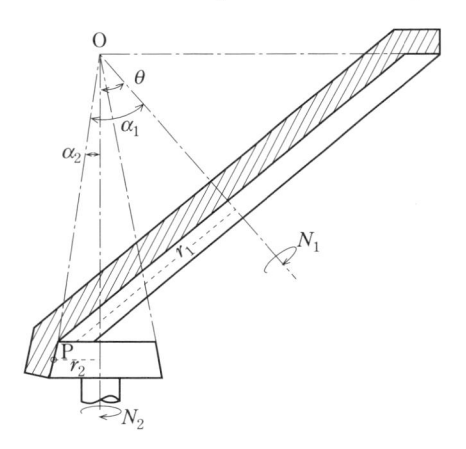

図 2.8 円すい車（内接）

例題 2.5

図 2.7 において，$N_1 = 200$ rpm，$N_2 = 100$ rpm，2 軸の交角が 60° である．円すい車の頂角を求めよ．

[解答]　式 (2.8) より，

$$\tan \alpha_1 = \cfrac{\sin \theta}{\cfrac{N_1}{N_2} + \cos \theta} = \cfrac{\sin 60°}{\cfrac{200}{100} + \cos 60°} = 0.3464$$

$$\therefore \quad \alpha_1 = 19.1°$$
$$\alpha_2 = \theta - \alpha_1 = 60° - 19.1° = 40.9°$$

したがって，頂角は，

$$2\alpha_1 = 38.2°(38°12'), \quad 2\alpha_2 = 81.8°(81°48')$$

問題 2.4 例題 2.5 において 2 軸の交角が 120° であるとき，円すい車の頂角を求めよ。

問題 2.5 例題 2.5 において 2 軸の交角が 90° であるとき，円すい車の頂角を求めよ。

例題 2.6

2 軸が直交して外接する円すい車がある。原車の最大径 600 mm，従車の最大径 800 mm，接触部の長さ 150 mm である。原車が 200 rpm で回転しているとき，接触部中央の周速度を求めよ。

[解答] 図 2.9 において，接触部中央を P，原軸から P までの距離を r_P とする。角速度を ω とすれば，求める周速度 V_P は，

$$V_P = r_P \omega = r_P \frac{2\pi N}{60} \quad ①$$

$$r_P = \text{OP} \sin \alpha_1 \quad ②$$

与題より，$\text{OO}_1 = 400$，$\text{O}_1\text{P}_2 = 300$ だから $\text{OP}_2 = 500$ である。$\text{P}_1\text{P}_2 = 150$ だから $\text{OP} = 425$ である。$\sin \alpha_1 = 3/5$ であるので，式①，式②より，

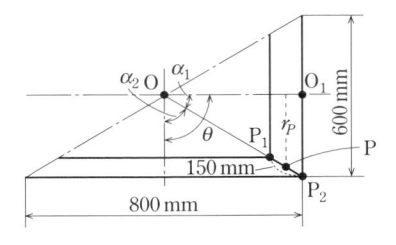

図 2.9 直交する円すい車

$$V_P = 0.425 \times \frac{3}{5} \times 2 \times 3.14 \times \frac{200}{60} = 5.34 \text{ m/s}$$

問題 2.6 例題 2.6 において，P_1，P_2 の周速度を求め，その平均が P の周速度であることを確認せよ。

(3) 2軸が平行でもなく，交わりもしない場合

この場合の接触面は**単双曲線回転面**である。この面は図 2.10 (a) に示すように，平行でもなく，交わりもしない 2 直線の一方 CD が，他の AB を中心として回転したときできる面である。AB に直角な平面で切断すれば断面は円であり，AB を含む平面で切断すれば断面は双曲線である。2 つの単双曲線回転面を図 2.10 (b) に示すように接触させると，ころがり接触をする。

単双曲線回転面をつくることは面倒であるので，平行でもなく，交わりもしない 2 軸間の回転には，図 2.11 に示すように，2 軸 I，II に交わる軸 III に 2 個の円すい車を取り付け，軸 I，II に設けられた円すい車を接触させる。

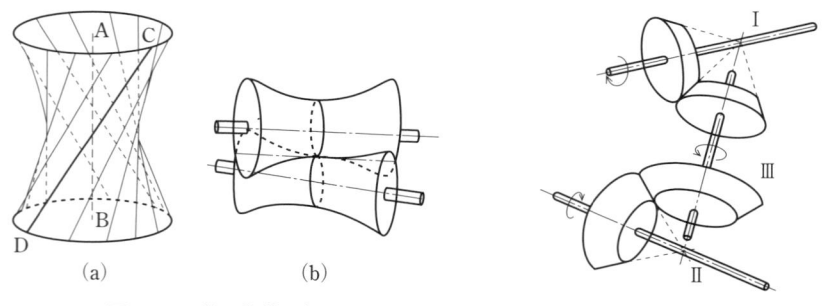

図 2.10　単双曲線回転面

図 2.11　円すい車の利用

2.3.2　速度比が一定でない場合

(1) だ円の組合わせ

だ円は，平面上で 2 定点 F，F′ からの距離の和が一定である点 P の軌跡である。F，F′ をだ円の焦点という。図 2.12 に示すように F，F′ の座標を決め，P から F，F′ までの距離の和を $2a$ とすると，

$$(a^2 - c^2)x^2 + a^2 y^2 = a^2(a^2 - c^2) \qquad \text{①}$$

ここで，$(a^2 - c^2) = b^2$ とおくと，点 P の軌跡は，

$$\frac{x^2}{a^2} + \frac{y^2}{b^2} = 1 \qquad ②$$

ここで，$2a$，$2b$ がそれぞれだ円の長軸，短軸の長さである。

2つの同形のだ円を，焦点を中心として回転させればころがり接触をする。だ円の長軸，短軸の長さをそれぞれ $2a$，$2b$ とすると，最大角速度比 $i_{\max}$，最小角速度比 $i_{\min}$ は，

$$\left. \begin{aligned} i_{\max} &= \frac{a + \sqrt{a^2 - b^2}}{a - \sqrt{a^2 - b^2}} \\ i_{\min} &= \frac{a - \sqrt{a^2 - b^2}}{a + \sqrt{a^2 - b^2}} \end{aligned} \right\} \quad (2.11)$$

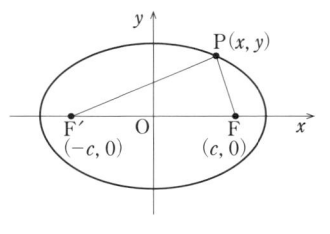

図2.12 だ円

例題 2.7

式 (2.11) を確認せよ。

[解答] 図2.13 (a) において F を回転中心とすると，FP と FP′ の距離が角速度比を求めるときに重要となる。すなわち，式 (2.1) の，

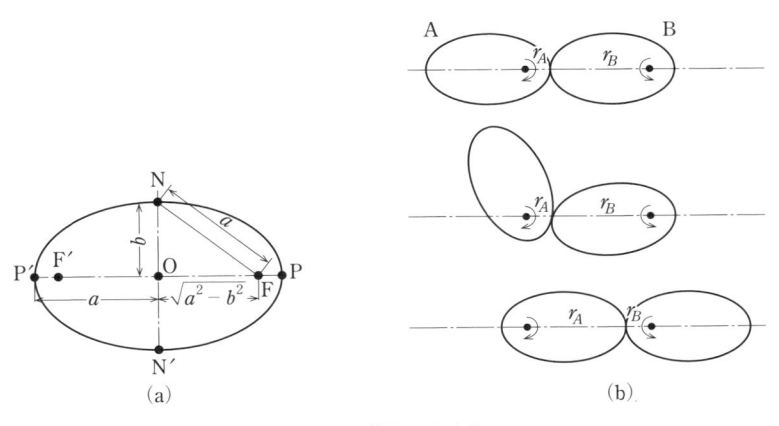

図 2.13 だ円の組合わせ

$$\frac{\omega_B}{\omega_A} = \frac{r_A}{r_B}$$

において，r_A と r_B の値によって角速度比 (ω_B/ω_A) は変化する。

図 2.13 (b) からわかるように，r_A と r_B の最大値と最小値は，$a+\sqrt{a^2-b^2}$，$a-\sqrt{a^2-b^2}$ となる。したがって，角速度比の最大は $r_A = a+\sqrt{a^2-b^2}$，$r_B = a-\sqrt{a^2-b^2}$ のときに生じ，角速度比の最小は $r_A = a-\sqrt{a^2-b^2}$，$r_B = a+\sqrt{a^2-b^2}$ のときに生じる。

問題 2.7 長軸の長さ 10 cm，短軸の長さ 6 cm の 2 つの同形のだ円がころがり接触をしている。最大角速度比と最小角速度比を求めよ。

(2) 対数らせん (対数うずまき線) の組合わせ

図 2.14 に示すように，P で接触している 2 曲線を考え，各回転中心を極とし，$O_A P$，$O_B P$ を原線とする極座標 (ρ, θ)，(ρ', θ') で表す。ρ, ρ' を動径という。

$$\rho + \rho' = C \quad \text{①}$$

ここで，C は中心距離で一定である。わずかな回転において，$\rho \, d\theta = \rho' \, d\theta'$ だから，

$$d\theta' = \frac{\rho \, d\theta}{\rho'} = \frac{\rho}{C-\rho} d\theta$$

$$\therefore \quad \theta' = \int \frac{\rho}{C-\rho} d\theta + \theta_0 \quad \text{②}$$

ここで，θ_0 は積分定数である。

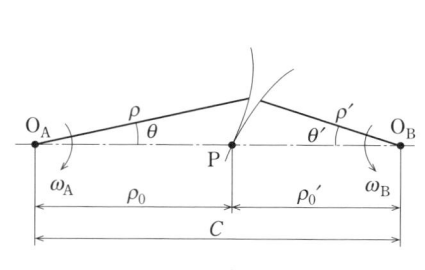

図 2.14　曲線の極座標

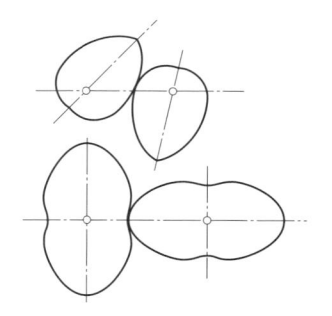

図 2.15　葉形車

原節の曲線の方程式 $\rho = f(\theta)$ が，次式で表される**対数らせん**（logarithmic spiral）であるときを考える．

$$\rho = \rho_0 e^{\theta/m} \qquad ③$$

ここで，m は定数である．

式②より従節の曲線の方程式 $\rho' = f(\theta')$ を求めると，

$$\rho' = \rho'_0 e^{-\theta'/m} \qquad ④$$

これは θ' の増加とともに ρ' は減少するが，式③で与えられた対数らせんと同じものである．すなわち，同じ対数らせんを極を中心として回転させると，ころがり接触をする．対数らせんの動径は増加または減少するばかりであるので，輪郭の連続した車をつくるには，図2.15に示すように，その一部をつなぎ合わせる．このようなものを**葉形車**（ローブ車，lobed wheel）という．

例題 2.8

式④を確認せよ．

[解答] 式③より，

$$\frac{d\rho}{d\theta} = \frac{\rho_0}{m} e^{\theta/m} = \frac{\rho}{m}$$

したがって，式②より，

$$\theta' = \int \frac{\rho}{C-\rho} d\theta + \theta_0 = \int \frac{m}{C-\rho} d\rho + \theta_0$$
$$= -m \log(C-\rho) + \theta_0$$

ここで，$\theta = 0$，$\theta' = 0$ のとき $\rho = \rho_0$，$\rho' = \rho'_0$ の条件より，積分定数 θ_0 は，

$$\theta_0 = m \log(C - \rho_0)$$

したがって，

$$\theta' = -m \log(C-\rho) + m \log(C-\rho_0) = -m \log \frac{C-\rho}{C-\rho_0}$$

式①より，

$$\theta' = -m \log \frac{\rho'}{\rho'_0}$$

$$\therefore \quad \rho' = \rho'_0 e^{-\theta/m}$$

問題 2.8 対数らせん車が 90°回転する間に角速度比は 1/2 から 2 に変化する。中心距離を 150 mm として動径の変化を求めよ。

例題 2.9

$\rho = f(\theta)$ が $\rho = 2\theta$ であるとき，この曲線を図示せよ。

[解答] $\rho = 2\theta$ を満たす ρ, θ を極座標とする点の集合が求める曲線（らせん）である。$\rho = 2\theta$ を**極方程式**という。θ の値に対する ρ の値を表に示した。**極座標** (ρ, θ) の各点を滑らかにつないだ結果を図 2.16 に示す。図中の破線は θ が 2π より大きい場合である。

問題 2.9 直交座標 $(\sqrt{3}, 1)$ である点の極座標 (ρ, θ) を求めよ。$0 \leqq \theta < 2\pi$ とする。

θ	0	$\dfrac{\pi}{6}$	$\dfrac{\pi}{3}$	$\dfrac{\pi}{2}$	$\dfrac{2\pi}{3}$	$\dfrac{5\pi}{6}$	π	$\dfrac{7\pi}{6}$	$\dfrac{4\pi}{3}$	$\dfrac{3\pi}{2}$	$\dfrac{5\pi}{3}$	$\dfrac{11\pi}{6}$	2π	……
ρ	0	$\dfrac{\pi}{3}$	$\dfrac{2\pi}{3}$	π	$\dfrac{4\pi}{3}$	$\dfrac{5\pi}{3}$	2π	$\dfrac{7\pi}{3}$	$\dfrac{8\pi}{3}$	3π	$\dfrac{10\pi}{3}$	$\dfrac{11\pi}{3}$	4π	……

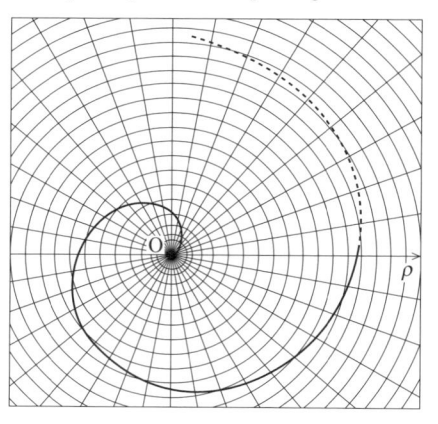

図 2.16 らせん

(3) 放物線の組合わせ

放物線は，平面上で定点Fとこの点を通らない定直線d（準線）とから等距離にある点Pの軌跡である．Fを焦点という．図2.17に示すように，Fからdに引いた垂線の足をDとし，D, Fの座標を決める．DF = $2p$, Pからdに引いた垂線の足をHとすると，FP = HPなので，

$$\sqrt{(x-p)^2 + y^2} = |x + p| \qquad ①$$

両辺を2乗して整理すると，点Pの軌跡は，

$$y^2 = 4px \qquad ②$$

2つの同形の放物線の一方をその焦点を中心として回転させ，他方をその軸に**直角**に**直線運動（無限大にある点を中心とする円運動）**するようにすると，図2.18に示すようにころがり接触をする．

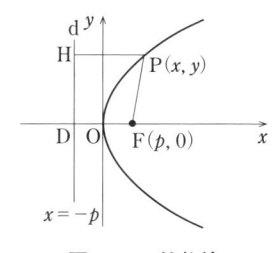

図2.17 放物線

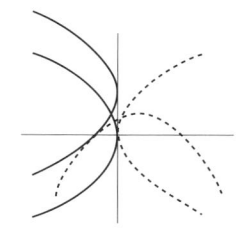

図2.18 放物線の組合わせ

2.4 摩擦車

ころがり接触をなす2つの曲線を，輪郭にもつ車によって回転運動を伝えるとき，原車の動径が増加する方向に回転するならば，従車に回転を与えることができる．円形の車の場合には，すべりを生じて確実に運動を伝えることができない．したがって，適当な方法で半径方向に圧力を作用させ，接線方向の摩擦力により回転を伝える必要がある．このような車を**摩擦車**（friction wheel）という．摩擦車の伝達動力について述べる．

2.4.1 円筒摩擦車

図2.19に示す円筒摩擦車において，両車を押し付ける力を R，両車間の摩擦係数を μ とすると，最大伝達力 F は，

$$F = \mu R \qquad (2.12)$$

伝達動力 P は，1.5節で述べたように，

$$P = FV \qquad (2.13\ ①)$$

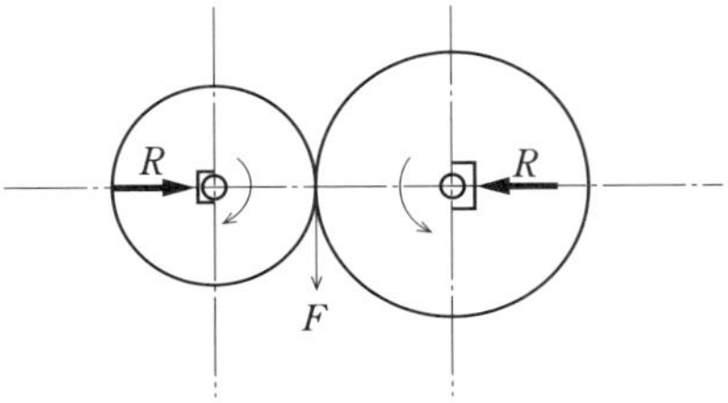

ここで，V は円周速度〔m/s〕である。F を伝達力〔N〕，D を直径〔m〕，N を回転数〔rpm〕とすると，

$$P\,[\mathrm{W}] = FV = \mu RV = \frac{\mu R \pi D N}{60} \qquad (2.13\ ②)$$

図2.19 円筒摩擦車

F を伝達力〔kgf〕とすれば，

$$\left. \begin{array}{l} P\,[\mathrm{PS}] = \dfrac{FV}{75} = \dfrac{\mu RV}{75} = \dfrac{\mu R \pi D N}{60 \times 75} \\[6pt] P\,[\mathrm{kW}] = \dfrac{FV}{102} = \dfrac{\mu RV}{102} = \dfrac{\mu R \pi D N}{60 \times 102} \end{array} \right\} \qquad (2.13\ ③)$$

伝達動力は μ や R に比例するので，摩擦係数 μ を高めるため外周に皮やゴムを張ったり，ある程度の力で両軸を押し付ける。しかし，μ には上限があり，押付け力 R も過大にすると接触部が変形したり，軸がたわんだりする悪影響が出る。

伝達動力について若干補足する。動力は単位時間内になされる仕事量を表し，

$$1\,\mathrm{PS} = 75\,\mathrm{kgf \cdot m/s} \qquad (2.14\ ①)$$

$$1\,\mathrm{kW} = 102\,\mathrm{kgf \cdot m/s} \qquad (2.14\ ②)$$

である。動力は，その単位からわかるように，機械が仕事をする能力を示す。**馬力**〔**PS**〕はJ. Wattが馬の仕事（炭鉱の排水作業）の能力を実測して定めた値である。人間は最大0.7馬力程度である。**ワット**〔**W**〕はJ. Wattに由来し，1秒につき1Jの仕事をすることを表す単位として導入された。**ジュール**〔**J**〕はJ. P. Jouleに由来する。

$$1\,\mathrm{W} = 1\,\mathrm{J/s} \qquad (2.15\ ①)$$

$$1\,\text{J} = 1\,\text{N}\cdot\text{m} \qquad (2.15\,\text{②})$$

ここで，ニュートン〔N〕はI. Newtonに由来する．1 Nは質量1 kgの物体に$1\,\text{m/s}^2$の加速度を加える力（$1\,\text{N} = 1\,\text{kg}\cdot\text{m/s}^2$）で，感覚的には質量100 g程度の小さな物体（例えばリンゴ）が落下するときの力と思えばよい．

問題2.10 力F〔N〕と速度V〔m/s〕の積FVは何を表しているか．

例題2.10

直径500 mm，回転数100 rpm，3 kWを伝達する円筒摩擦車において，摩擦車を押し付ける力を求めよ．摩擦係数を0.2とする．

[解答] 式(2.13②)より，

$$P\,[\text{W}] = FV = \mu RV = \frac{\mu R\pi DN}{60}$$

$$\therefore\ R = P \times \frac{60}{\mu\pi DN} = \frac{3\,000 \times 60}{0.2 \times 3.14 \times 0.5 \times 100} = 5\,732\,\text{N}$$

問題2.11 直径500 mm，回転数100 rpm，3馬力（PS）を伝達する円筒摩擦車において，摩擦車を押し付ける力を求めよ．摩擦係数を0.2とする．

例題2.11

$1\,\text{kW} = 102\,\text{kgf}\cdot\text{m/s}$を確認せよ．

[解答] 式(2.15)より，

$$1\,\text{kW} = 1\,\text{kJ/s} = 1\,\text{kN}\cdot\text{m/s} = \frac{1\,000}{9.80665}\,\text{kgf}\cdot\text{m/s} = 102\,\text{kgf}\cdot\text{m/s}$$

問題2.12 1 PSは何Wとなるか．

2.4.2 溝付き摩擦車

図2.20に示すように,円柱形の摩擦車の表面に円周に沿ってV字形の溝を付けたものを**溝付き摩擦車**(grooved friction wheel)という。普通,鋳鉄でつくられ,溝の角度は30°～40°くらいである。

V字形の溝は,摩擦伝達力による回転力を増大させるためである。図

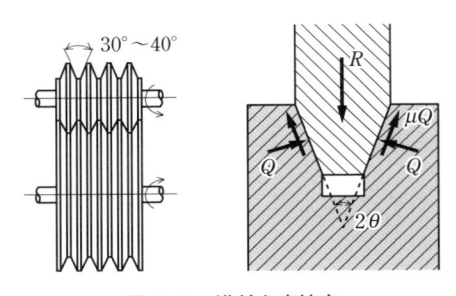

図2.20 溝付き摩擦車

2.20において,V字形(くさび形)の頂角を2θとする。両車をRの力で押し付けると,溝の両側には垂直力Qと斜面に沿って摩擦力μQを生じる。Q,μQとRとの力のつり合いを考えると,

$$R = 2Q\sin\theta + 2\mu Q\cos\theta$$

したがって,力Qは,

$$Q = \frac{R}{2(\sin\theta + \mu\cos\theta)} \tag{2.16}$$

回転力として働く力F'は,車の接線方向の摩擦力,すなわち図の紙面に垂直方向の力で,

$$F' = 2\mu Q = \frac{\mu R}{\sin\theta + \mu\cos\theta} \tag{2.17}$$

溝のない平らな車をRの力で押し付けると,摩擦力FはμRであるので,

$$F' : F = \frac{1}{\sin\theta + \mu\cos\theta} : 1$$

ここで,$\mu = 0.1$,$\theta = 15°$とすると,

$$F' : F = 2.8 : 1$$

となり,溝付き車は溝のない車に比べて2.8倍の回転力を伝える。このことは,同じ回転力を伝えるのに,溝付き車では押し付ける力が小さくて済むことになる。

問題2.13 $\mu = 0.2$,$\theta = 15°$であるとき,溝付き摩擦車は溝のない平らな車に比べ何倍の摩擦伝達力を生じるか。

2.5 変速摩擦伝動装置

摩擦車の接触位置をずらして速度比を変化させる装置を**変速摩擦伝動装置**という。変速装置は**有段変速**と**無段変速**に大別される。

① 有段変速:有段変速の場合はすでに述べた式 (2.3) から理解できる。すなわち,摩擦車の速度比は直径に反比例するから,軸に摩擦車を付け替えることによって速度比を変えることができる。この場合,速度比の変化は段階的である。

② 無段変速:速度比を連続的に変化させるためには円板,円柱,円すい,球などを組合わせる。原軸の回転速度が一定であるとき,従軸の回転速度を任意に変える無段変速装置の機構を以下に述べる。

(1) 円板とローラ

図 2.21 は縦軸で回転する**円板**(ターンテーブル)A と平行軸にはめられた**ローラ**(円柱車)B との接触によって両軸間に回転を伝える機構である。ローラは軸に沿って移動することができ,ローラの位置によって回転数および回転方向を変えることができる。A,B の速度比(回転比)i は,接触点 P における A,B の周速度が等しいことから,

$$i = \frac{N_B}{N_A} = \frac{r}{\frac{D_B}{2}} = \frac{2r}{D_B} \quad (2.18)$$

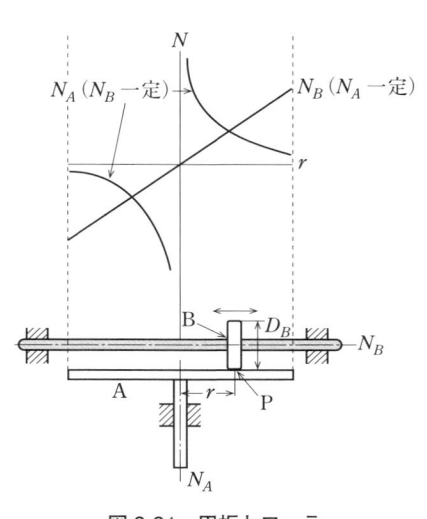

図 2.21 円板とローラ

ここで，D_B はローラの直径，r はローラが A の中心軸から移動する距離である。

図 2.22 は平行な 2 つの円板車 A，B の中間に円柱車 C を介在させ，C を軸方向に移動させ，A と B の速度比を変える機構である。

図 2.23 は同形の円板車 A，C を取り付けた軸を動かし，A，C のいずれかが円板車 B と接触するようにして回転方向を変えるばかりでなく，B を軸方向に移動することにより速度比を変える機構である。

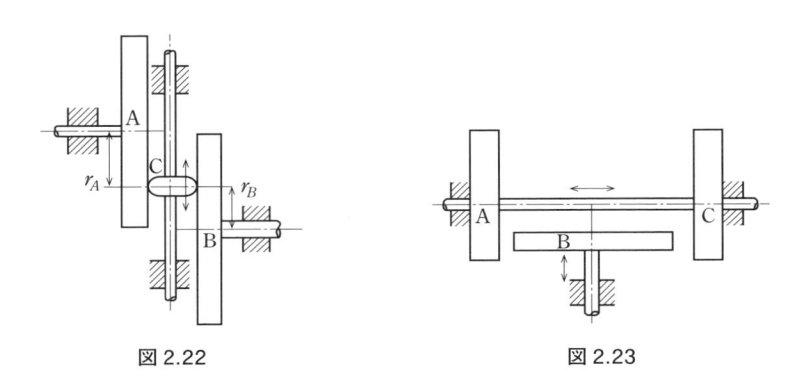

図 2.22

図 2.23

例題 2.12

図 2.21 において，A の回転数 N_A が一定であるときローラの移動によって生じる B の回転数 N_B の変化，逆に N_B が一定であるときローラの移動によって生じる N_A の変化を確認せよ。

[解答]　式 (2.18) より，

$$N_B = \frac{2N_A r}{D_B} \qquad ①$$

$$N_A = \frac{N_B D_B}{2r} \qquad ②$$

N_A，N_B は r の関数となる。式①，式②を図示した結果が図 2.21 に示されている。

問題 2.14

図 2.22 において，A を原車とし，ローラ C が上方に移動すると B

の回転はどう変化するか。

問題 2.15 図 2.23 において，B を原車とし，B が上方に移動すると A の回転はどう変化するか。

(2) 円すい車とローラ

図 2.24 は円すい車とローラを接触させ，ローラを円すいの母線に沿いながら移動させることによって，ローラ軸を変速させる機構である。

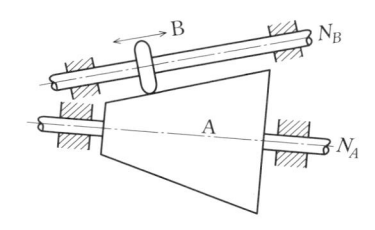

図 2.24 円すい車とローラ

例題 2.13

図 2.24 において，A の回転数 N_A が一定であるときローラの移動によって生じる B の回転数 N_B の変化，逆に N_B が一定であるときローラの移動によって生じる N_A の変化を確認せよ。

[解答]　図 2.25 (a) に示すように，ローラが円すい車の母線に沿って移動する距離を x とする。円すい車の回転数を N_A，ローラの回転数を N_B とすると，

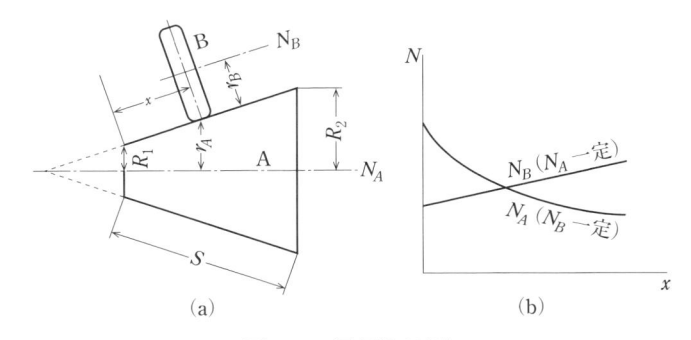

図 2.25　回転数の変化

$$\frac{N_B}{N_A} = \frac{r_A}{r_B} \qquad ①$$

ここで，r_B はローラの半径で一定値である．円すい車の母線の長さを S とすると，

$$r_A = R_1 + \frac{(R_2 - R_1)x}{S} = R_1 + R'x \qquad ②$$

ここで，$R' = (R_2 - R_1)/S$ は一定値である．
N_A が一定であるとき，式①，式②より，

$$N_B = \frac{N_A(R_1 + R'x)}{r_B} \qquad ③$$

N_B が一定であるとき，式①，式②より，

$$N_A = \frac{N_B r_B}{R_1 + R'x} \qquad ④$$

N_A，N_B は x の関数となる．式③，式④を図示した結果を図 2.25 (b) に示す．

問題 2.16 図 2.24 において，A を原車とし，ローラが右方に移動すると B の回転はどう変化するか．

問題 2.17 図 2.26 に示すように，2 個の同形の円すい車 A，C がローラ B に接触して回転しているとき，ローラが右方に移動すると C の回転はどう変化するか．

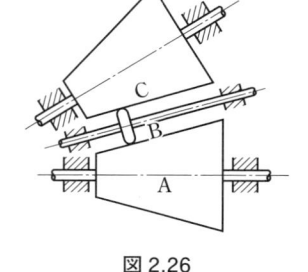

図 2.26

(3) 円弧回転面をもつ車とローラ

図 2.27 は互いに直角の位置に円弧回転面をもつ車 A，B を取り付け，その間にローラ C を接触させて，A，B に回転を伝える機構である．ローラ軸の傾きを変えることにより，A，B の速度比を変えることができる．

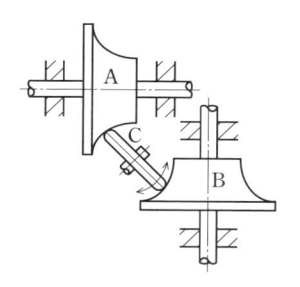

図 2.27 円弧回転面をもつ車とローラ

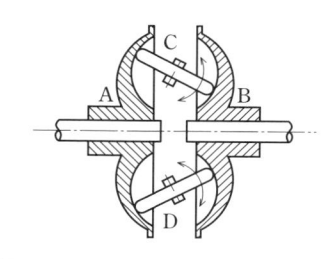

図 2.28 円環状の溝をもつ車とローラ

図 2.28 は円環状の溝をもった 2 つの車 A, B の中間にローラ C, D を入れ，2 つのローラ軸の傾きを同時に変えて A, B の速度比を変える機構である。

問題 2.18 図 2.27 において，A を原車とし，ローラ C が反時計方向に動くと B の回転はどう変化するか。

問題 2.19 図 2.28 において，A を原車とし，ローラ C が時計方向（ローラ D は反時計方向）に動くと B の回転はどう変化するか。

(4) 球面車とローラ

図 2.29 は 2 個のローラ A, B を互いに直角の位置に配置し，その間に球面車 C を接触させて，A, B に回転を伝える機構である。球面車 C を紙面に垂直な軸 O の回りに振らせて接触位置を変化させることにより，A, B の速度比を変えることができる。

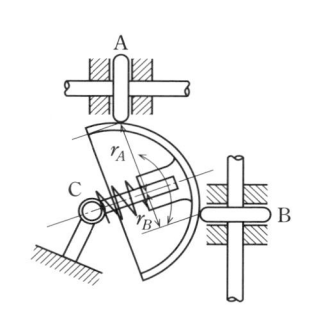

図 2.29 球面車とローラ

問題 2.20 図 2.29 において，原車 A が 150 rpm，従車 B が 100 rpm で回転している。ローラ A, B は同形で $r_B = 10$ cm であるとき，r_A を求めよ。

2.5 変速摩擦伝動装置

(5) 2個の円すい車

図 2.30 (a), (b) は 2 個の同形の円すい車 A, B を反対に組合わせ，両車の中間にある革製環状ベルト，あるいはローラを移動することによって A, B の速度比を変える機構である．

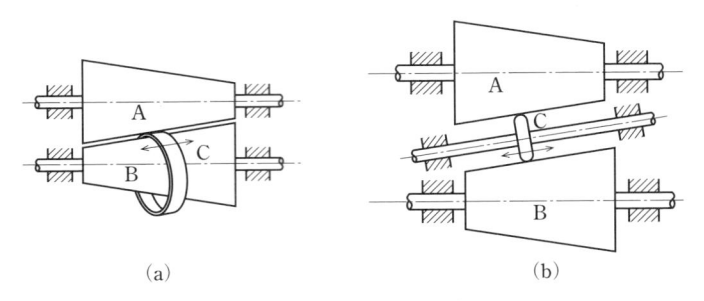

図 2.30　2 個の円すい車

問題 2.21　図 2.30 において，A を原車とし，環状ベルトあるいはローラが右方に移動すると B の回転はどう変化するか．

問題 2.22　図 2.30 (a), (b) の相違点を確認せよ．

演習問題

❶ 速度比 3/2，軸間距離 150 mm である円板車において，外接および内接する場合の原車と従車の直径を求めよ．

❷ 外接する円すい車（図 2.7）において，速度比 i が 3/2，2 軸の交角が 120° であるとき，円すい車の頂角を求めよ．

❸ ころがり接触をするだ円車（図 2.13）において，軸間距離が 200 mm で $i_{max} = 9$，$i_{min} = 1/9$ のとき，だ円車の長軸，短軸の長さを求めよ．

❹ 直径 400 mm，回転数 100 rpm，2 馬力を伝達する円筒摩擦車において，摩擦車を押し付ける力を求めよ．摩擦係数を 0.2 とする．

❺ 800 N の力で頂角 20° のくさびを木材に打ち込む．摩擦係数が 0.2 であるとき，木材を押し割る力を求めよ．

❻ 図 2.21 に示した変速装置において，$N_A = 200$ rpm，ローラの直径は 12 cm である．ローラがどの位置にあるとき N_B が 300 rpm となるか．

❼ 図 2.30 に示した変速装置において，円すい車の大きな部分は直径 20 cm，小さな部分は直径 8 cm である．原車 A の回転数が 100 rpm であるとき，従車 B の最大と最小の回転数を求めよ．

第3章 歯車装置

2軸間に一定の速度比で回転運動を伝えるとき，摩擦力に頼る摩擦車では大きな伝達力は期待できず，多少のすべりはあるので厳密な一定速度比の伝動は難しい。確実な伝動をさせるために車の接触面に**歯**（tooth）を付けたものが**歯車**（toothed wheel, gear）である。歯車は，自動車の登場以来，信頼性が高くコンパクトな動力伝達および変速手段として重要な役割を果たしてきた。自動車においてトランスミッションが歯車装置の代表例である。

3.1 すべり接触

図3.1は，原節A，従節Bが点Cですべり接触をして回転している状態を示す。A，Bの角速度を ω_A, ω_B とする。2.1節で述べたように，接触点CにおけるAおよびBの速度 V_A, V_B を共通法線NN′と共通接触TT′の方向に分解し，V_A の分速度を V_A', V_A'', V_B の分速度を V_B', V_B'' とする。AとBは，すべりはあっても常に接触しているので共通法線の分速度は等しい。すなわち，**すべり接触**（sliding contact）の条件は，

$$V_A' = V_B' \qquad ①$$
$$V_A'' \neq V_B'' \qquad ②$$

図示のように，各回転中心 O_A, O_B から共通法線に垂線を引いた足を a，b，2つの節の中心を結ぶ線分 $O_A O_B$ と共通法線との交点をPとすると，

$$\omega_A = \frac{V_A}{r_A} = \frac{V_A'}{O_A a} \qquad ③$$

$$\omega_B = \frac{V_B}{r_B} = \frac{V_B'}{O_B b} \qquad ④$$

$V_A' = V_B'$ だから，式③，式④より，

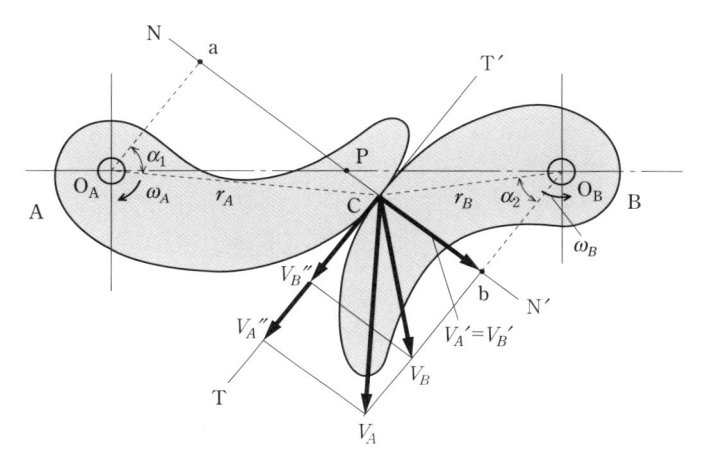

図 3.1 すべり接触

$$\frac{\omega_B}{\omega_A} = \frac{O_A a}{O_B b} = \frac{O_A P}{O_B P} \tag{3.1}$$

図 3.1 において，接触点 C は原節の回転につれて移動するが，$O_A O_B$ 上にきたときはころがり接触の条件を満たす。一対の歯車の歯は，すべり接触により運動を伝達しているが，接触点 C が P 点であるときはころがり接触となる。

例題 3.1

すべり速度 V_S を確認せよ。

[解答] すべり速度 V_S は，図 3.1 に示した 2 つの節の共通接線方向の分速度 V_A'' と V_B'' の差である。すなわち，

$$\begin{aligned}
V_S &= V_A'' - V_B'' = V_A \sin \alpha_1 - V_B \sin \alpha_2 \\
&= r_A \omega_A \sin \alpha_1 - r_B \omega_B \sin \alpha_2 = aC \cdot \omega_A - bC \cdot \omega_B \\
&= (aP + PC) \omega_A - (bP - PC) \omega_B \\
&= PC(\omega_A + \omega_B) + (aP\, \omega_A - bP\, \omega_B)
\end{aligned}$$

ここで，$O_A P / O_B P = aP/bP$ だから，式 (3.1) より，
$aP \cdot \omega_A = bP \cdot \omega_B$ である。したがって，

$$V_S = PC(\omega_A + \omega_B) \tag{3.2}$$

3.1 すべり接触

ここで，PC = 0，すなわち2つの節の接触点がPであるとき，$V_S = 0$ となる。このとき，$V_A'' = V_B''$ であるので，2.1節で述べたころがり接触の条件を表す。

3.2 歯形曲線

式 (3.1) は，すべり接触をしている原節と従節の角速度比は，接触点に引いた共通法線が，中心連結線を内分した長さの比に反比例することを意味する。したがって，すべり接触をする曲線でPが一定であるならば，角速度比は一定となる。節A, Bが回転するとき，この定点Pの両節上の軌跡は円となる。この円を**ピッチ円**（pitch circle）といい，ピッチ円の接点Pを**ピッチ点**（pitch point）という。歯車の歯形の条件は，図3.2に示すように，歯形の接触点Cにおける共通法線が常にピッチ点Pを通ることである。歯形条件を満足する曲線をピッチ円上に歯切りしたものが歯車であるので，一対の歯車の回転運動は一対の摩擦車の回転運動と同じで，摩擦車の周に相当するのがピッチ円であると考えればよい。

歯形に利用されている曲線には，**インボリュート**（involute）と**サイクロイド**（cycloid）がある。インボリュートは，円周に巻き付けた糸を引っ張りながら巻きほどいていくとき，糸の一点が描く軌跡である。その軌跡を図3.3に示すように歯形曲線として使う。サイクロイド（普通サイクロイド）は，1.6節で述べたように，直線に沿ってころがる円の周上の一点が描く軌跡である。歯形曲線としては，図3.4に示すように，円の外側に沿ってころがる円の周上の一点が描く軌

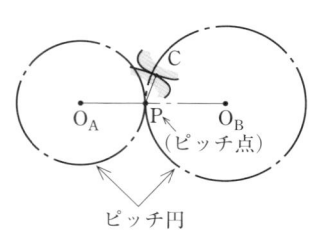

図 3.2　歯形の条件

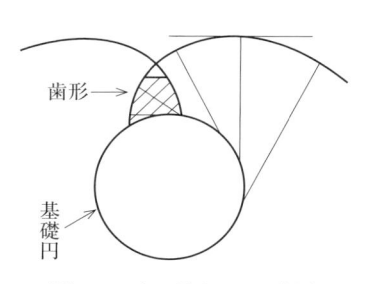

図 3.3　インボリュート歯形

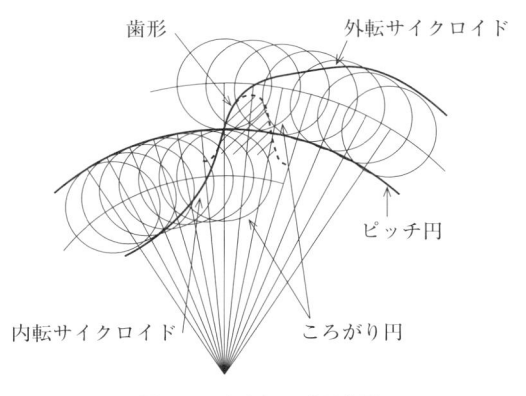

図3.4 サイクロイド歯形

跡（外転サイクロイド）と，円の内側に沿ってころがる円の周上の一点が描く軌跡（内転サイクロイド）を組合わせて使う。

インボリュート歯形は，サイクロイド歯形に比べ製作が容易で，摩耗やガタによる軸間距離（中心距離）の多少の変化にも一定の速度比が得られ，歯形の修正で強度が改善できるなどの利点があるので，一般に広く用いられている。一方，サイクロイド歯形はすべりが少なく，摩耗・騒音が小さいので時計や特殊計器に用いられる。

例題 3.2

インボリュートを示す方程式を確認せよ。

[解答] 図3.5(a)において，円に巻き付けられた糸の端がAの位置にあるときから糸を張りながらほどいていくとき，糸の端の軌跡であるインボリュート上の点を$P(x, y)$とする。糸の巻き付いている円を**基礎円**（base circle）という。糸の線がインボリュートの法線となる。基礎円の半径をrとすると，P点の座標は，

$$x = QO\cos\theta + PQ\sin\theta = QO\cos\theta + \widehat{AQ}\sin\theta$$
$$= r\cos\theta + r\theta\sin\theta = r(\cos\theta + \theta\sin\theta) \quad ①$$
$$y = QO\sin\theta - PQ\cos\theta = QO\sin\theta - \widehat{AQ}\cos\theta$$
$$= r\sin\theta - r\theta\cos\theta = r(\sin\theta - \theta\cos\theta) \quad ②$$

式①,式②がインボリュートの方程式である。

図3.5(b)に示すように,点Pにおける接線とOPのなす角度をϕ, OP=ρとし,Pをρとϕで,すなわち接線座標で表わすと,

$$\rho \cos \phi = r \qquad ③$$

ここで,rは基礎円の半径であるので,$\rho \cos \phi$は一定である。

$\tan \phi = r\theta / r = \theta$だから,

$$\psi = \theta - \phi = \tan \phi - \phi$$

ここで,ϕの関数であるψを$\mathrm{inv}\,\phi$と表し,**インボリュート関数**(involute function)という。すなわち,

$$\mathrm{inv}\,\phi = \tan \phi - \phi \qquad ④$$

式③がインボリュート方程式で,ϕは式④より求める。

インボリュート関数を用いてP点の座標(x, y)を表すと,

$$x = \mathrm{OP} \cos \psi = \rho \cos(\mathrm{inv}\,\phi) = \frac{r}{\cos \phi} \cos(\mathrm{inv}\,\phi) \qquad ⑤$$

$$y = \mathrm{OP} \sin \psi = \rho \sin(\mathrm{inv}\,\phi) = \frac{r}{\cos \phi} \sin(\mathrm{inv}\,\phi) \qquad ⑥$$

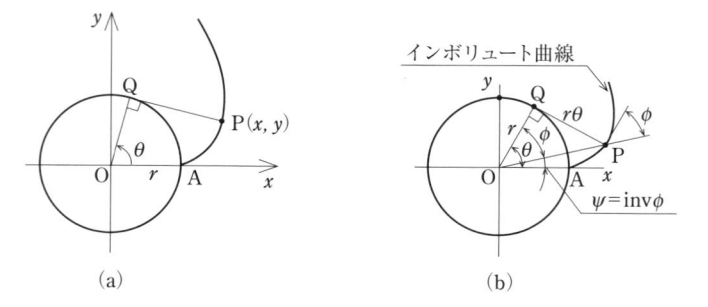

図3.5 インボリュート

問題3.1 $\phi = 20°$であるとき,$\mathrm{inv}\,\phi$を求めよ。

3.3 歯車の種類

歯車は軸の相対位置，運動方向，歯すじの形状などによって分類されるが，歯車のかみ合う2軸の関係より次の3つに大別できる。なお，一対の歯車において，大きいほうを**大歯車**（wheel），小さいほうを**小歯車**（ピニオン，pinion）という。

3.3.1　2軸が平行の場合

この場合，円筒に歯が設けてある。図3.6に2軸が平行であるおもな歯車を示す。

① **平歯車**（spur gear）：図3.6(a)に示すように，歯すじが軸に平行な直線である円筒歯車で，一般に用いられる基本的な歯車である。

② **はすば歯車**（helical gear）：図3.6(b)に示すように，歯は軸に傾いている。騒音が少なくかみ合いも滑らかであるが，**軸方向の力**（スラスト，thrust）が生じる。歯すじが軸の方向となす角度を**ねじれ角**（helix angle）という。

③ **やまば歯車**（double helical gear）：図3.6(c)に示すように，歯は山形をしている。ねじれ角が等しく，ねじれの方向が反対なはすば歯車を組み合わせて，スラストを打ち消し合うようにしたものである。

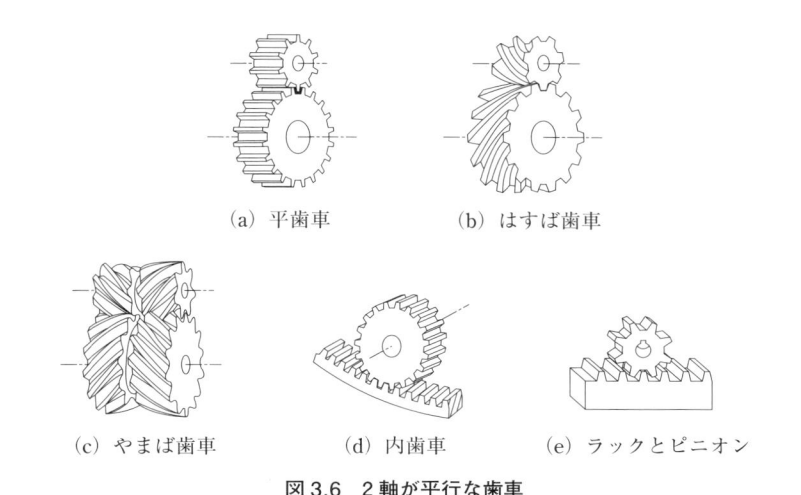

(a) 平歯車　　(b) はすば歯車

(c) やまば歯車　　(d) 内歯車　　(e) ラックとピニオン

図3.6　2軸が平行な歯車

④**内歯車**（internal gear）：図 3.6 (d) に示すように，円筒または円すいの内側に歯を設けたもので，小歯車とかみ合っている。小歯車は円筒または円すいの外側に歯が設けられているので，**外歯車**（external gear）ともいう。両歯車の回転方向は同じである。

⑤**ラック**（rack）：ラックは平板または棒の 1 面を歯切りしたもので，平歯車のピッチ円半径が無限大になったものと考えられる。ピッチ円は直線となり**ピッチ線**（pitch line）となる。図 3.6 (e) に示すように，**ラックとピニオン**（rack and pinion）は，回転運動を直線運動，逆に直線運動を回転運動に変える。ピニオンはラックにかみ合う小歯車である。

3.3.2　2 軸が交わる場合

円すい摩擦車に相当する円すい面に歯を付けたもので，その形から**かさ歯車**（bevel gear）という。2 軸が直交し，歯数が等しい一対のかさ歯車を**マイタ歯車**（miter gears）という。図 3.7 に 2 軸が交わるおもな歯車を示す。

①**すぐばかさ歯車**（straight bevel gear）：図 3.7 (a) に示すように，円すい面にまっすぐな歯すじをもつ。

②**はすばかさ歯車**（skew bevel gear）：図 3.7 (b) に示すように，歯すじは直線であるが，母線に対して傾斜している。

③**まがりばかさ歯車**（スパイラルベベル，spiral bevel gear）：図 3.7 (c) に示すように，円弧などの曲線の歯すじをもち，滑らかな伝動に適する。

④**冠歯車**（crown gear）：図 3.7 (d) に示すように，平歯車のラックに相当するもので，円すいの側面は平面である。

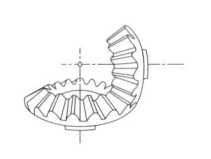

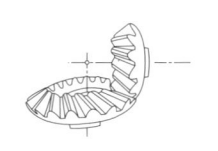

(a) すぐばかさ歯車　(b) はすばかさ歯車　(c) まがりばかさ歯車　(d) 冠歯車

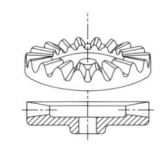

図 3.7　2 軸が交わる歯車

3.3.3 2軸が平行でもなく，交わりもしない場合

交わらず，かつ平行でもない2軸，すなわち食違い軸の間に運動を伝達する歯車を総称して**食違い軸歯車**（skew gears）という。図3.8に2軸が平行でもなく，交わりもしないおもな歯車を示す。

① **ハイポイドギヤ**（hypoid gears）：ハイポイドギヤはかさ歯車の軸をずらし，食違い軸間の運動伝達に用いるものである。図3.8 (a) に示すように，ピニオンの駆動軸とリングギヤの回転軸はオフセットしている。外観はまがりばかさ歯車に似ているが，一対の歯車の2軸は交わっていない。

② **ねじ歯車**（crossed helical gear）：図3.8 (b) に示すように，歯をねじ状に付けたもので，かみ合いは滑らかである。はすば歯車の2軸をねじってかみ合わせたものと考えればよい。

③ **ウォームギヤ**（worm gears）：図3.8 (c) に示すように，ウォームギヤは，**ウォーム**（worm）とそれにかみ合う**ウォームホイール**（worm wheel）からなり，2軸は交わらず直角をなしている。2軸間の運動は，一般にウォームからウォームホイールに，回転を大きく落とすために用いられる。ねじ状の歯車であるウォームには，**円筒ウォーム**（cylindrical worm）と外形が鼓形

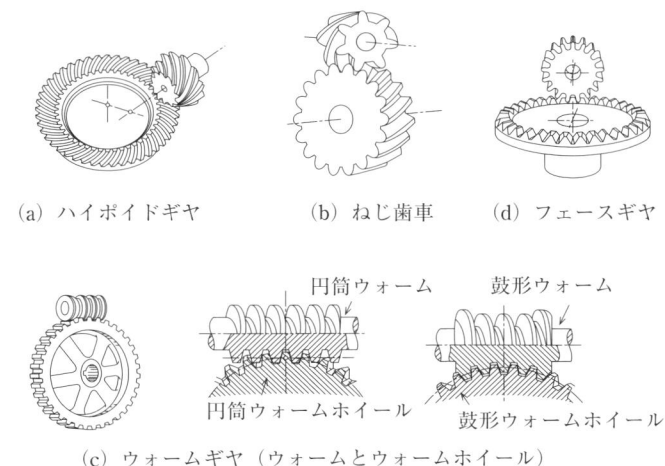

(a) ハイポイドギヤ　　(b) ねじ歯車　　(d) フェースギヤ

円筒ウォーム　　鼓形ウォーム

円筒ウォームホイール　　鼓形ウォームホイール

(c) ウォームギヤ（ウォームとウォームホイール）

図3.8　2軸が平行でもなく，交わりもしない歯車

の**鼓形ウォーム**（hourglass worm）がある。歯数2枚以上のウォームを**多条ウォーム**（**多口ウォーム**，multi-thread worm）という。

④**フェースギヤ**（face gears）：フェースギヤは，図3.8（d）に示すように，円板状の歯車とそれにかみ合う小歯車からなり，普通2軸は直角をなしている。円板状の歯車だけをフェースギヤとも称し，小歯車には平歯車か，はすば歯車が用いられる。

3.4 自動車における歯車の役割

歯車は自動車のいろいろな箇所で使われている。ここでは**トランスミッション**（**変速機**，transmission），**ディファレンシャル**（**デフ**，**差動装置**，differential gears）など，駆動系の代表例について歯車が果たす役割の概要を述べる。

エンジンの**軸トルク**（brake torque）はトランスミッション，ディファレンシャルを介して**駆動トルク**（driving torque）となる。トランスミッションは，**変速比**（gear ratio）が3.5〜0.8ぐらいを4, 5段階に分け，軸トルクを走行状態に応じて変換して伝える歯車装置である。これには，変速を手動で行うマニュアルトランスミッションと，自動で行うオートマチックトランスミッションがある。歯車による変速の基本事項については，後述する（3.7〜3.9節）。

(1) トランスミッション

図3.9に，FFタイプの乗用車用マニュアルトランスミッションの一例と使われている歯車を示す。はすば歯車（ヘリカルギヤ）が変速ギヤに使用されているが，リバースギヤには平歯車（スパーギヤ）が使用されている。インプットシャフト（Ⅰ），カウンタシャフト（Ⅱ），アウトプットシャフト（Ⅲ）の各シャフト上にあるギヤのかみ合いによって，エンジンの回転はインプットシャフトからアウトプットシャフトに伝達される。図示のように，FFタイプはトランスミッション，ファイナルギヤおよびディファレンシャルを一体化した構造である。

一方，FRタイプでは，図3.9に示したFFタイプと異なり，トランスミッションとディファレンシャルの位置が離れているので，ディファレンシャルドライ

平歯車

I

ねじ歯車

はすば歯車

II

III

すぐばかさ歯車

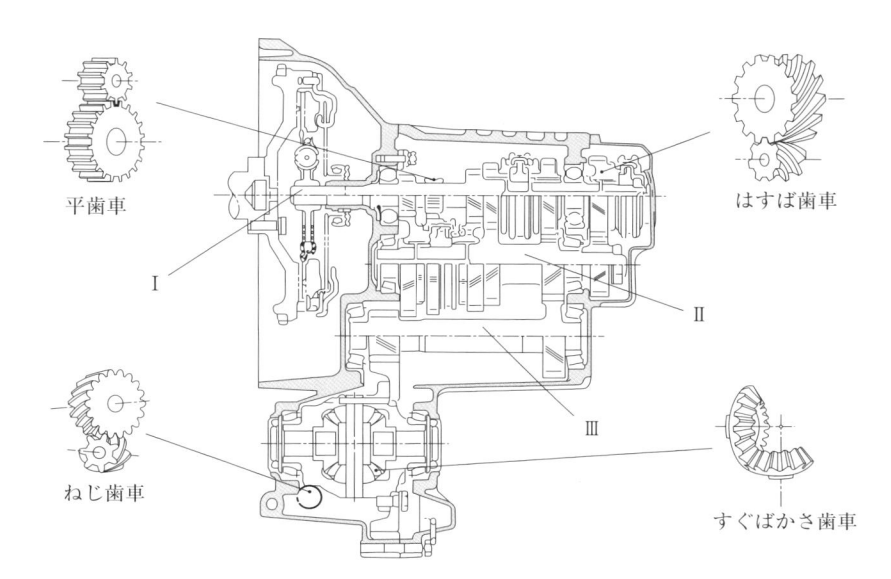

図3.9 マニュアルトランスミッション（FF）

ブギヤを駆動する**プロペラシャフト**（推進軸，propeller shaft）が必要となる。

図3.10に，FRタイプの乗用車用マニュアルトランスミッションの歯車のかみ合いの外観の一例を示す。アウトプットシャフト（III）上を空転している変速ギヤは，常時カウンタシャフト（II）上のカウンタギヤにかみ合っている。変速時，所用の変速ギヤをアウトプットシャフトに固定すると，エンジンの回転は，インプットシャフト（I）からカウンタシャフト（II）を介してアウトプットシャフト（III）に伝達される。

オートマチックトランスミッションの変速ギヤには，はすば歯車が使用されている。その作動機構は，3.9節で述べるように，マニュアルトランスミッションの作動機構と異なる。

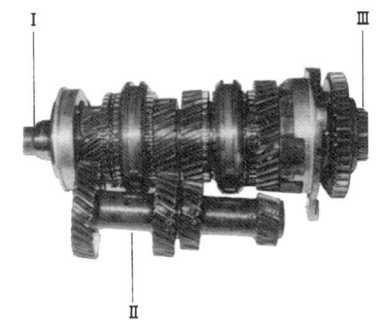

図3.10 マニュアルトランスミッション（FR）

3.4 自動車における歯車の役割　　57

(2) ファイナルギヤ

ファイナルギヤは，アウトプットシャフトの回転を変速（減速）する一対の歯車である。変速比は4程度で，この変速比を**終減速比**（final reduction ratio）という。駆動歯車をディファレンシャルドライブギヤ，ディファレンシャルケースに取り付けられている被動歯車をディファレンシャルリングギヤという。図3.9に示したFF車では，ヘリカルギヤが使用されている。一方，FR車ではハイポイドギヤが使用されている。アメリカにおいて1926年に採用されたハイポイドギヤは，かさ歯車（ベベルギヤ）に比べ，駆動軸の位置を低く取ることができ，かみ合いが円滑で騒音，振動が少ないなどの特徴がある。

(3) ディファレンシャル

ディファレンシャルは，自動車が旋回するとき左右の駆動輪に回転差が生じる必要があるため，それに対応して駆動輪である左右のタイヤを異なる回転数で回転させる装置である。ディファレンシャルギヤの構成は，FFタイプ，FRタイプとも同じである。すなわち，図3.11に示すように，ディファレンシャルサイドギヤとディファレンシャルピニオンはそれぞれ2個ずつあり，かさ歯車（すぐばかさ歯車）が使用されている。サイドギヤは左右の車軸端に1個ずつ取り付けられ，サイドギヤ間のピニオンとかみ合っている。左右のタイヤに回転差が生じると，ピニオンは公転するとともに自転する。その作動機構については3.9節で述べる。なお，図3.11には，図中のリンクギヤを駆動するドライブギヤの外観を

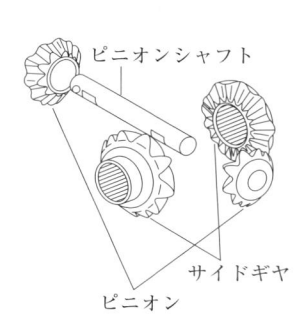

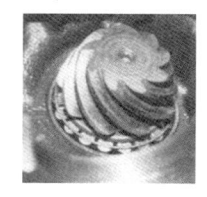

リングギヤ　　ピニオンシャフト　　ピニオン　　サイドギヤ　　リングギヤを駆動するドライブギヤ

図3.11　ディファレンシャルギヤ

参考のため示した。

例題 3.3

図 3.9 に示されているねじ歯車（crossed helical gear）の役割を確認せよ。

[解答]　自動車の速度を表示するスピードメータ（speedometer）のドライブギヤとドリブンギヤがねじ歯車である。図 3.9 に示されている FF 車では，ディファレンシャルケースに取り付けられたねじ歯車により，ディファレンシャルケース，すなわちディファレンシャルリングギヤの回転を取り出している。一方，FR 車では，図 3.12 に示すように，トランスミッションのアウトプットシャフトの回転を取り出している。なお，自動車の走行距離を積算するオドメータ（odometer）は，スピードメータに組合わされている。

図 3.12　スピードメータのドライブギヤとドリブンギヤ

問題 3.2　タコメータ（tachometer）の作動機構を確認せよ。

例題 3.4

エンジンの始動機構を確認せよ。

[解答]　モータと歯車（スタータピニオン）から構成されているスタータモータ（starter motor）が，フライホイールを回転させてエンジンを始動させる。スタータスイッチ（マグネットスイッチ）によって，平歯車であるスタータピニオンが移動して，クランクシャフト端に取り付けられているフライホイールの円周に焼きばめされた歯車（フライホイールリングギヤ）とかみ合い，同時に，バッテリからの大電流がモータに伝わる。モータに取り付けられたドライブギヤが，図 3.13 に示すように，アイドルギヤを介してスタータピニオンを駆動する。スタータピニオンは，スタータスイッチを切ると引き込むようになっている。

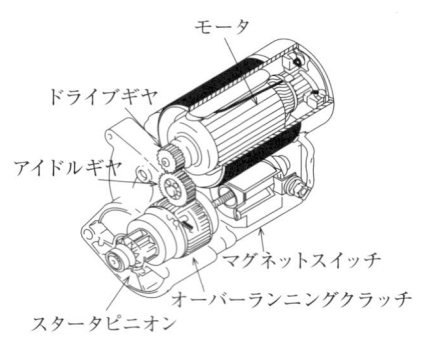

図 3.13　スタータピニオン

問題 3.3　ワンウェイクラッチ（オーバーランニングクラッチ）の役割を確認せよ。

例題 3.5

ステアリング装置の機構を確認せよ。

[解答]　一般に使用されているステアリング装置は，ラックアンドピニオン式とボールナット式である。ラックアンドピニオン式は，図 3.14 に示すように，ステアリングシャフトの先端に取り付けられたピニオンがラックとかみ合わされている。ピニオンが回転すると，ラックが移動し，ラック両端に取り付けられたタイロッドを介してフロントホイールを操舵する。ボールナット式は，ボールねじ（ball screw）を応用している。図 3.15 に示すように，ステアリングシャフトの先端に取り付けられたウォームシャフト（ボールシャフト）が，ボールナットを介してセクタシャフトのセクタギヤを駆動する。ウォームシャフトとボールナットの間にある多数のボールは，両者の運動伝達を滑らかにしている。ウォームシャフトが回転すると，ボールを介してボールナットはウォームシャフトに沿って移動し，セクタシャフトを回す。セクタシャフトの回転は，ピットマンアームとタイロッドを介してフロントホイールを操舵する。

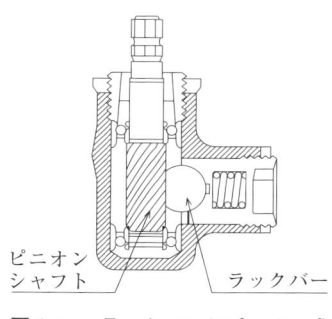

図 3.14　ラックアンドピニオン式　　　　図 3.15　ボールナット式

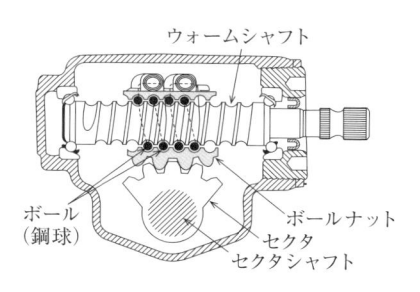

問題 3.4　パワーステアリングの役割を確認せよ.

問題 3.5　歯車の種類ごとに，自動車における使用状況を確認せよ.

3.5　歯車各部の名称と寸法

3.5.1　歯車各部の名称

　図 3.16 に示す歯の輪郭が歯車の軸方向に一様な平歯車について，歯車各部の名称を確認する．摩擦車の表面に相当した歯車の面を**ピッチ面**（pitch surface），これと回転軸に垂直な平面との交わりを**ピッチ円**（pitch circle）という．ピッチ円は摩擦車の周に相当した円で，歯車の大きさを表す．かみ合う歯車のピッチ円とピッチ円の接点が，**ピッチ点**（pitch point）である．

　歯の輪郭を含み，紙面に直角な面を**歯面**（tooth surface）という．歯面は歯のかみ合いにあずかる面で，歯面のうちピッチ円より外側の歯面を**歯末の面**（tooth face），内側の歯面を**歯元の面**（tooth flank）という．また，歯車の軸方向に測った歯の長さを**歯幅**（face width）という．

　歯の先端を通りピッチ円と同心の円を**歯先円**，歯の根元を通りピッチ円と同心の円を**歯底円**という．ピッチ円と歯先円の距離を**歯末のたけ**（アデンダム，addendum）h_k，ピッチ円と歯底円の距離を**歯元のたけ**（デデンダム，dedendum）h_f，この 2 つの和 $(h_k + h_f)$ を**全歯たけ**（whole depth）h という．かみ合う相手

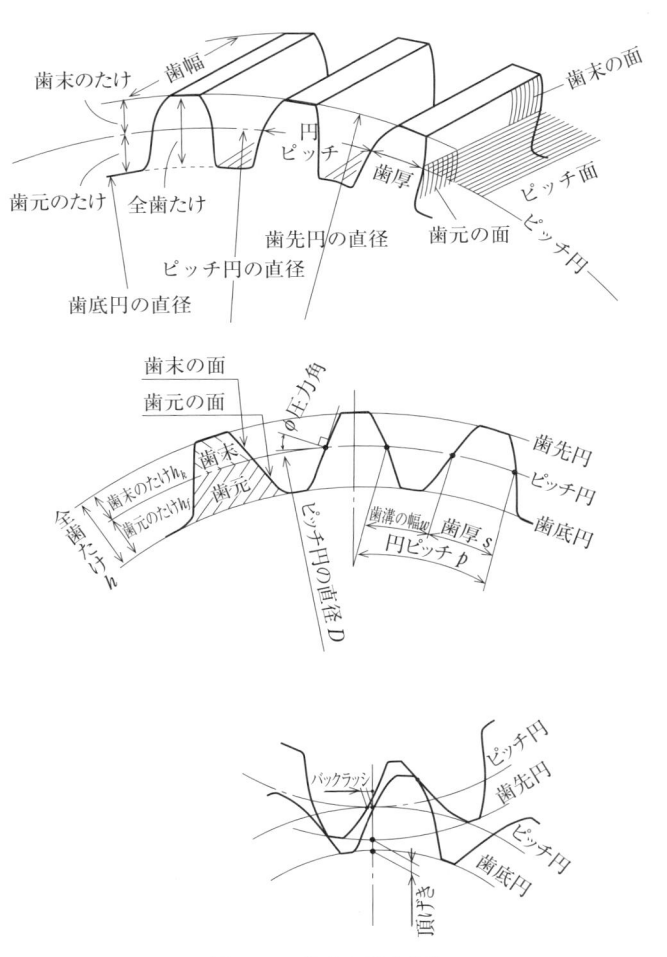

図3.16 歯車各部の名称

歯車の歯末のたけを h_k' としたとき，h_f と h_k' の差 ($h_f - h_k'$) を**頂げき**（top clearance）c_k，歯末のたけの和 ($h_k + h_k'$) を**有効歯たけ**（working depth）という。

ピッチ円上の歯の一点と隣の歯のこれに対応する点のピッチ円に沿った長さを**円ピッチ**（ピッチ，circular pitch）p，ピッチ円上で測った歯の厚さを**歯厚**（tooth thickness）s，ピッチ円上で測った歯と隣りの歯とのすき間を**歯溝の幅**（space thickness）w という。円ピッチは歯厚と歯溝の幅の和である。かみ合う相手の

歯の歯厚を s' としたとき，w と s' の差 $(w-s')$ を**バックラッシ**（backlash）という。バックラッシは，一対の歯車をかみ合わせたときの歯面間の遊びで，幾何学的には必要ない。しかし，歯車の製作精度，使用中の摩耗などからバックラッシは存在する。

3.5.2 寸法

円ピッチ p は，ピッチ円周を歯数で割ったものである。等間隔にある歯と歯のピッチ円周に沿った長さであるので，歯の大きさを表す。歯の大きさは，歯幅とともに歯の強度に関係する。ピッチ円直径を D，歯数を z とすると，円ピッチ p は，

$$p = \frac{\pi D}{z} \tag{3.3}$$

ここで，p/π，すなわち D/z を**モジュール**（module）m と定める。

$$m = \frac{D}{z} = \frac{p}{\pi} \tag{3.4}$$

p/π が 1, 2 など区切りのよい数になるよう p を調整すると，歯や歯車の大きさを表すのに都合がよい。モジュールの値は，表 3.1 に示すように JIS で規定されている。ドイツの規格と一部異なるのみでほぼ同じである。歯車の寸法を表す

表 3.1 モジュールの標準値 JIS B 1701

（単位〔mm〕）

0.1	(0.7)	3	(9)	(28)
0.15	(0.75)	〈3.25〉	10	32
0.2	0.8	(3.5)	(11)	(36)
0.25	(0.9)	〈3.75〉	12	
0.3	1	4	〈13〉	40
(0.35)	1.25	(4.5)	(14)	(45)
0.4	1.5	5	〈15〉	50
(0.45)	(1.75)	(5.5)	16	
0.5	2	6	(18)	
(0.55)	(2.25)	〈6.5〉	20	
0.6	2.5	(7)	(22)	
〈0.65〉	(2.75)	8	25	

備考：( )，〈 〉の数値は必要に応じて順に選ぶ

規準の数として使われるモジュールの単位は〔mm〕である。

一般に用いられている標準寸法の歯を**並歯**（full depth tooth）という。並歯では歯末のたけ $h_k = m$，歯元のたけ $h_f \geqq 1.25m$，頂げき $c_k \geqq 0.25m$ である。表3.2 に標準平歯車の寸法を示す。規格では全歯たけ $h \geqq 2.25m$ であるが，$h = 2.25m$ が標準寸法の歯であると考えてよい。

表3.2 標準平歯車の寸法

名　　　称	記号	モジュール m による寸法表示
歯　末　の　た　け	h_k	$1m$
歯　元　の　た　け	h_f	$\geqq 1.25m$
全　歯　た　け	h	$\geqq 2.25m$
頂　　げ　　き	c_k	$\geqq 0.25m$
歯　　　　　厚	s	$1.571m$
歯　溝　の　幅	w	$1.571m$
円　ピ　ッ　チ	p	πm
ピッチ円直径	D	zm
歯先円直径（外径）	D_e	$D + 2m = (z+2)m$

一対の歯車において，各歯車のピッチ円直径を D_1, D_2, 歯数を z_1, z_2 とすると，かみ合う歯車の円ピッチは等しいので，

$$p = \frac{\pi D_1}{z_1} = \frac{\pi D_2}{z_2} \tag{3.5}$$

したがって，式(3.4)より，

$$\left. \begin{array}{l} D_1 = mz_1 \\ D_2 = mz_2 \end{array} \right\} \tag{3.6}$$

$$p = \pi m \tag{3.7}$$

中心距離 C は，

$$C = \frac{D_1 + D_2}{2} = \frac{m(z_1 + z_2)}{2} \tag{3.8}$$

例題 3.6

$m = 8$ mm, $z = 50$ の標準平歯車のピッチ円直径 D と歯先円直径（外径）D_e を求めよ。

[解答] 式 (3.4) より、ピッチ円直径 D は、
$$D = mz = 8 \times 50 = 400 \text{ mm}$$
歯末のたけ h_k がモジュール m に等しいことより、歯先円直径 D_e は、
$$D_e = D + 2m = 400 + 2 \times 8 = 416 \text{ mm}$$

問題 3.6

歯先円直径 $D_e = 156$ mm, 歯数 $z = 50$ の標準平歯車のピッチ円直径 D とモジュール m を求めよ。

例題 3.7

$m = 3$ mm, 歯数 $z_1 = 35$, $z_2 = 75$ である一対の平歯車のピッチ円直径と中心距離を求めよ。

[解答] 式 (3.6) よりピッチ円直径 D_1, D_2 は、
$$D_1 = mz_1 = 3 \times 35 = 105 \text{ mm}$$
$$D_2 = mz_2 = 3 \times 75 = 225 \text{ mm}$$
式 (3.8) より中心距離 C は、
$$C = \frac{D_1 + D_2}{2} = \frac{105 + 225}{2} = 165 \text{ mm}$$

問題 3.7

$m = 4$ mm, $z_1 = 35$, $z_2 = 75$ である一対の平歯車の中心距離を求めよ。

例題 3.8

弦歯厚 s_j, キャリパ歯たけ h_j をモジュール m, 歯数 z で示せ。

[解答] 歯の寸法を確認するため、図 3.17 に**歯厚**（**円弧歯厚**, circular thickness) s と**弦歯厚** (chordal thickness) s_j, 歯末のたけ h_k と**キャリパ歯たけ** (chordal addendum) h_j の関係を示す。ピッチ円直径を D, 歯数を z とすると、弦歯厚 s_j は、

$$s_j = 2\left(\frac{D}{2}\sin\frac{360°}{4z}\right) = D\sin\frac{90°}{z} = mz\sin\frac{90°}{z} \tag{3.9}$$

キャリパ歯たけ h_j は,

$$h_j = m + \left(\frac{D}{2} - \frac{D}{2}\cos\frac{360°}{4z}\right) = m + \frac{D}{2}\left(1 - \cos\frac{90°}{z}\right)$$
$$= m\left\{1 + \frac{z}{2}\left(1 - \cos\frac{90°}{z}\right)\right\} \tag{3.10}$$

問題 3.8 標準平歯車の全歯たけ h がわかったとき,モジュールを求めよ。

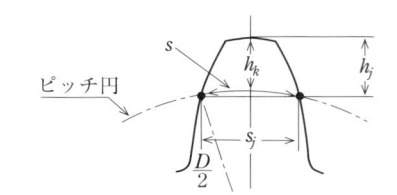

図 3.17 歯の寸法

3.6 インボリュート歯形のかみ合い

歯形の条件を満足する歯が接触することをかみ合いという。歯形曲線として,一般に用いられているインボリュート歯形のかみ合いに関する基礎事項を,平歯車について確認する。

3.6.1 インボリュート歯形

インボリュートは,3.2 節で述べたように,円周に巻き付けた糸を引っ張りながら巻きほどいていくとき,糸の一点が描く軌跡である。糸の巻き付いている円を**基礎円** (base circle) といい,糸の線がインボリュートの法線となる。歯のかみ合いの構成を図 3.18 に示す。ピッチ点 P を通り両ピッチ円 A_1, A_2 の共通接線 TT' と角 ϕ をなす直線 NN' にそれぞれ接する円 B_1, B_2 が基礎円である。インボリュート歯形は,B_1 に巻き付いた糸が B_2 に巻き取られるとき,基礎円の共通接線 NN' 上の 1 点が描く曲線を歯形とする。歯の圧力の作用方向である基礎円の共通接線 NN' とピッチ円の共通接線 TT' とのなす角 ϕ を**圧力角** (pressure angle) という。標準歯車では,角 ϕ の大きさは 20° である。

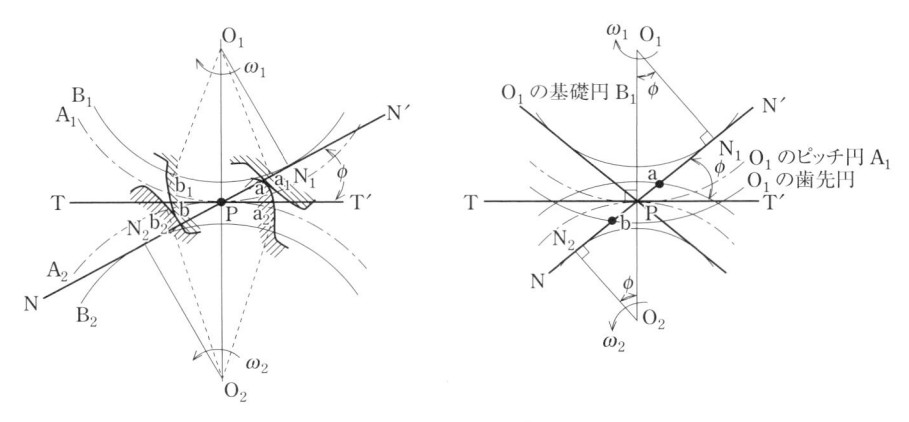

図 3.18 歯のかみ合い

ピッチ円半径を r, 基礎円半径を r_b とすると, $r_b = r \cos \phi$ である。したがって, ピッチ円直径 D と基礎円直径 D_b の関係は,

$$D_b = D \cos \phi \tag{3.11}$$

基礎円上のピッチ p_n を**法線ピッチ**（normal pitch），または基礎円ピッチという。p_n は,

$$p_n = \frac{\pi D_b}{z} \tag{3.12}$$

ここで, z は歯数である。法線ピッチ p_n と円ピッチ p の関係は, 式 (3.11), 式 (3.12) より,

$$p_n = \frac{\pi D \cos \phi}{z} = p \cos \phi \tag{3.13}$$

法線ピッチ p_n は, 図 3.19 に示すように, インボリュートの法線が隣り合うインボリュート歯形曲線を切り取る長さでもある。

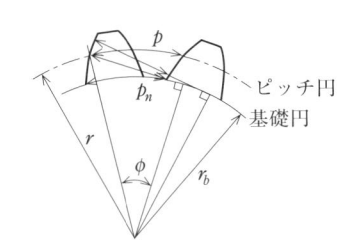

図 3.19　法線ピッチ

3.6 インボリュート歯形のかみ合い

例題 3.9

歯数 $z=30$,モジュール $m=4$ mm,圧力角 $\phi=20°$ の平歯車がある。ピッチ円直径,円ピッチ,基礎円直径,法線ピッチを求めよ。

[解答]　式 (3.3),式 (3.4) よりピッチ円直径 D,円ピッチ p は,

$$D = mz = 4 \times 30 = 120 \text{ mm}$$
$$p = \pi m = 3.14 \times 4 = 12.56 \text{ mm}$$

基礎円直径 D_b,法線ピッチ p_n は,式 (3.11),式 (3.13) より,

$$D_b = D \cos\phi = 120 \times \cos 20° = 112.76 \text{ mm}$$
$$p_n = p \cos\phi = 12.56 \times \cos 20° = 11.80 \text{ mm}$$

例題 3.10

インボリュート歯車は,中心距離が若干変化しても速度比が一定であることを確認せよ。

[解答]　インボリュートは基礎円だけで決まるため,インボリュート歯車が 1 つの場合,基礎円は定まるがピッチ円は定まらない。しかし,かみ合う一対のインボリュート歯車では,両基礎円に対する共通接線(作用線)と中心線との交点がピッチ点となり,この点を通る円がピッチ円となる。中心距離が変化したとき,基礎円は変化しないが,インボリュート同士の接触点はずれる。このため,新たなピッチ円,圧力角ができる。

　　一対のインボリュート歯車のピッチ円半径を r_1, r_2,基礎円半径を r_{b1}, r_{b2},圧力角を ϕ とする。速度比(角速度比)ω_2/ω_1 は,

$$\frac{\omega_2}{\omega_1} = \frac{r_1}{r_2} = \frac{r_1 \cos\phi}{r_2 \cos\phi} = \frac{r_{b1}}{r_{b2}} \qquad ①$$

中心距離が若干変化したときのピッチ円半径を r_1', r_2',圧力角を ϕ' とすると,

$$\frac{r_{b1}}{r_{b2}} = \frac{r_1' \cos\phi}{r_2' \cos\phi} = \frac{r_1'}{r_2'} \qquad ②$$

式①,式②より,

$$\frac{\omega_2}{\omega_1} = \frac{r_{b1}}{r_{b2}} = \frac{r_1'}{r_2'} = \frac{r_1}{r_2} \qquad ③$$

したがって，インボリュート歯形の速度比は，歯車の取付け中心距離が摩耗やガタにより多少変化しても等しい．

3.6.2 かみ合い率

図 3.18 において，歯と歯の接触点は図中 N_1N_2 上を移動するが，実際にかみ合うのは互いの歯先円で切り取られる ab 間である．すなわち，かみ合いは a から始まり b で終わる．この接触点の軌跡の長さ（ab）を**かみ合い長さ**という．1組の歯がかみ合いを始めて終わるまでに，ピッチ円上の点 a_1 あるいは a_2 が動いた弧の長さ，すなわち両ピッチ円が接触する弧の長さ（弧 a_1Pb_1 = 弧 a_2Pb_2）を**接触弧**（arc of contact）という．接触弧のうち，かみ合いを始めてからピッチ点 P でかみ合うまでの弧の長さ（$\widehat{a_1P} = \widehat{a_2P}$）を**近寄り弧**，ピッチ点 P からかみ合いの終わりまでの弧の長さ（$\widehat{Pb_1} = \widehat{Pb_2}$）を**遠のき弧**という．

1組の歯が ab 間でかみ合っている間に，次の歯がかみ合いを始めないと滑らかな回転にならない．同時にかみ合う歯数を**かみ合い率**（ratio of contact）ε という．ε は，

$$\begin{aligned}\varepsilon &= \frac{接触弧}{円ピッチ} \left(= \frac{弧\ a_1Pb_1}{p} = \frac{弧\ a_2Pb_2}{p} \right) \\ &= \frac{かみ合い長さ}{法線ピッチ} \left(= \frac{ab}{p_n} \right) \end{aligned} \qquad (3.14\ ①)$$

である．計算式を示すと，

$$\varepsilon = \frac{\sqrt{(r_1 + h_{k_1})^2 - (r_1 \cos\phi)^2} + \sqrt{(r_2 + h_{k_2})^2 - (r_2 \cos\phi)^2} - C\sin\phi}{p\cos\phi} \qquad (3.14\ ②)$$

ここで，r はピッチ円半径，h_k は歯末のたけ，ϕ は圧力角，C は中心距離である．式 (3.14 ②) を歯先円直径（外径）D_e，基礎円直径 D_b で表すと，

3.6 インボリュート歯形のかみ合い

$$\varepsilon = \frac{\sqrt{\left(\frac{D_{e_1}}{2}\right)^2 - \left(\frac{D_{b_1}}{2}\right)^2} + \sqrt{\left(\frac{D_{e_2}}{2}\right)^2 - \left(\frac{D_{b_2}}{2}\right)^2} - C \sin \phi}{p \cos \phi} \quad (3.14\ ③)$$

平均何組の歯がかみ合っているかを示すかみ合い率が，1ならば常に1組の歯が，2ならば常に2組の歯が接触していることを意味する。したがって，かみ合い率が大きければ，振動や騒音が少なく余裕のある運転が可能となる。かみ合い率は圧力角が増すと減少するが，普通1.2～2.5程度である。

例題3.11

モジュール2，歯数20，40の並歯の平歯車がかみ合うとき，かみ合い率を求めよ。圧力角は20°である。

[解答] ピッチ円直径 D は，

$$D_1 = 2r_1 = mz_1 = 2 \times 20 = 40$$
$$D_2 = 2r_2 = mz_2 = 2 \times 40 = 80$$

歯先円直径 D_e は，

$$D_{e1} = D_1 + 2m = 40 + 2 \times 2 = 44$$
$$D_{e2} = D_2 + 2m = 80 + 2 \times 2 = 84$$

基礎円直径 D_b は，

$$D_{b1} = D_1 \cos \phi = 40 \times \cos 20° = 37.588$$
$$D_{b2} = D_2 \cos \phi = 80 \times \cos 20° = 75.175$$

中心距離 C は，

$$C = \frac{D_1 + D_2}{2} = \frac{40 + 80}{2} = 60$$

円ピッチ p は，

$$p = \pi m = 2\pi$$

これらの値を式(3.14 ③)に代入すると，$\varepsilon = 1.64$ となる。

[別解] 式(3.14 ③)において，並歯の平歯車の歯数を z_1, z_2 とすれば，

$$\varepsilon = \frac{\sqrt{(z_1+2)^2 - (z_1 \cos \phi)^2} + \sqrt{(z_2+2)^2 - (z_2 \cos \phi)^2} - (z_1+z_2)\sin \phi}{2\pi \cos \phi}$$

(3.14 ④)

となり，かみ合い率 ε はモジュールに関係しないことがわかる．式 (3.14 ④) より，かみ合い率を求めてもよい．

問題 3.9 モジュール 2，歯数 30，40 の並歯の平歯車がかみ合うとき，かみ合い率を求めよ．圧力角は 20° である．

問題 3.10 かみ合い率が 1.8 であるとき，その意味を確認せよ．

例題 3.12

すべり率を確認せよ．

[解答] 図 3.20 において，歯形曲線①上の点 P_1 と歯形曲線②上の点 P_2 が接し，短時間後に Q_1 と Q_2 が接したとする．このとき，すべった長さを接触した長さで割った値を**すべり率** (specific sliding) という．図示のように，P_1 と Q_1 間の長さを dS_1，P_2 と Q_2 間の長さを dS_2 とすると，歯車①のすべり率 σ_1 は，

$$\sigma_1 = \frac{dS_1 - dS_2}{dS_1} \tag{3.15 ①}$$

歯車②のすべり率 σ_2 は，

$$\sigma_2 = \frac{dS_2 - dS_1}{dS_2} \tag{3.15 ②}$$

インボリュート歯形は，ピッチ点ではころがり接触をするが，ピッチ点から離れた点で接触するほどすべり率は大きくなる．すなわち，歯先および歯底に近い点ではすべりが比較的大きく，摩耗しやす

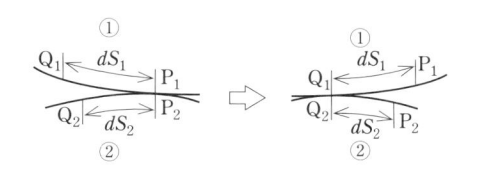

図 3.20 すべり率

い。この点がサイクロイド歯形に劣る。

3.6.3 干渉と切下げ

インボリュート歯形は基礎円より内側にはない。しかし，一対のインボリュート歯車において，一方の歯車の歯数が特に少ない場合，または両歯車の歯数比が大きい場合には，大きな歯車の歯先が小さな歯車の歯元の部分に食い込む現象が起こる。これを**歯車の干渉**（interference）という。例えば，ラックと歯数の少ない**小歯車**（ピニオン）とをかみ合わせるとき，最も干渉が起こりやすい。

干渉は，図 3.18 において，歯先円が基礎円の接点 N_1 または N_2 を越すことによって起こるので，N_1，N_2 を**干渉点**（interference point）という。したがって，ラックカッタ（ラック形工具）を用いて小歯車を歯切りすると，図 3.21 に示すように，ラックカッタは小歯車の歯元の部分（歯底に近いインボリュート部分）を削り取って細くする。これを**歯の切下げ**（undercut）という。このようになると歯元の部分は弱くなり，かみ合いも滑らかでないので，歯車は切下げを生じない程度の歯数にする必要がある。その限界（最少）歯数 $z_{\min}$ は，

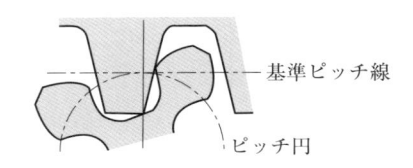

図 3.21 歯の切下げ

$$z_{\min} = \frac{2h_k}{m \sin^2 \phi} \quad (3.16)$$

ここで，h_k は歯末のたけ，m はモジュール，ϕ は圧力角である。並歯では $h_k = m$ であるので，式 (3.16) より $z_{\min}$ は，

$$z_{\min} = \frac{2}{\sin^2 \phi} \quad (3.17)$$

ここで，$\phi = 20°$ とすると，$z_{\min} = 17.1$ であるので，限界歯数は 18 となる。

歯の切下げが起こらないようにする方法としては，図 3.22 に示すように，標準歯車では，基準ピッチ円にラックカッタの基準ピッチ線を接して歯切りするのを，多少中心をずらして歯切りする方法などがある。このような基準ピッチ円と，ラックカッタの基準ピッチ線が接しない歯車を**転位歯車**（profile shifted gear）

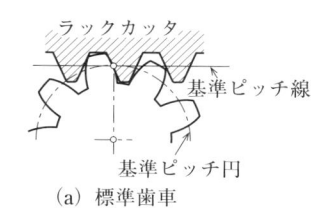

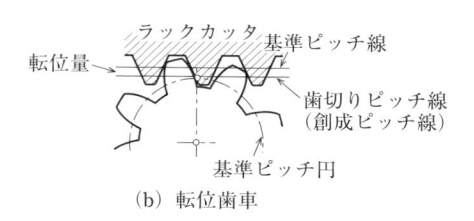

図 3.22 (a) 標準歯車　(b) 転位歯車　歯切り

という。ラックカッタをずらした量を**転位量**，転位量をモジュールで割った値を**転位係数**という。ラックカッタを歯車から遠ざけるのを**正(+)の転位**，近づけるのを**負(-)の転位**という。

例題 3.13

式 (3.16) を確認せよ。

[解答]　歯切りは，図 3.23 に示すように，歯車と同じ形をもつ**切削工具（ピニオンカッタ）**を回転する円板の軸方向に送り，円板を削り取って行う。この切削工具の歯数を無限大にしたものをラックカッタといい，ラックカッタの形をねじ状にしたものを**ホブ**（hob）という。ラックカッタで歯切りするとき，切下げを起こさない限界歯数 $z_{\min}$ を確認する。図 3.24 において，ラックカッタは，基準ピッチ円の周速度と等速度で運動するとともに紙面に垂直方向に動いて歯切りする。r はピッチ円半径，r_b は基礎円半径，ϕ は圧力角である。基礎円の共通接線の接点 N_1 から

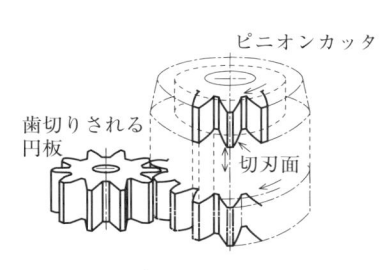

図 3.23　ピニオンカッタによる平歯車の歯切り

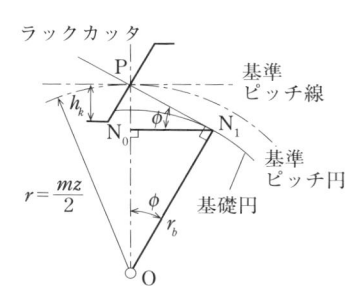

図 3.24

3.6 インボリュート歯形のかみ合い

PO に引いた垂線の足を N_0 とすると，

$$PN_1 = r \sin \phi$$

$$PN_0 = PN_1 \cdot \sin \phi = r \sin^2 \phi = \frac{mz}{2} \sin^2 \phi$$

切下げを起こさないためには，ラックカッタの基準ピッチ線から歯先までの距離 h_k が，PN_0 以下であればよいので，

$$\frac{mz}{2} \sin^2 \phi \geqq h_k$$

ここで，等号のときの歯数 z が限界歯数 $z_{\min}$ である。

問題 3.11 図 3.24 に示すラックカッタ（$\phi = 20°$，$h_k = m$）で歯数 12 の平歯車を歯切りするとき，切下げを起こさないために必要な転位係数の最小値を求めよ。

例題 3.14

転位歯車の寸法を確認せよ。

[解答] 標準平歯車と転位平歯車を比較した一例を示す。図 3.25 (a) に標準平歯車のかみ合いを示す。標準平歯車においては，互いの基準ピッチ円が接する状態でかみ合い，ピッチ円上の円弧歯厚は円ピッチの 1/2 である。

表 3.3 (a) には，圧力角 $\phi = 20°$，歯数 $z_1 = 12$，$z_2 = 24$ の標準平歯車の寸法の計算結果の一例を示した。

図 3.25 (b) に転位平歯車のかみ合いを示す。図示のように，転位平歯車のかみ合いには，かみ合いピッチ円直径 D_w とかみ合い圧力角 ϕ_w が重要である。すなわち，転位歯車はかみ合いピッチ円が接

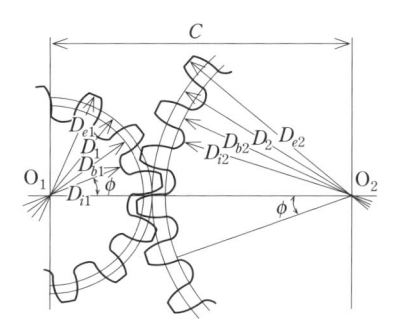

図 3.25(a) 標準平歯車のかみ合い
（$\phi = 20°$，$z_1 = 12$，$z_2 = 24$，$x_1 = x_2 = 0$）

する状態でかみ合い，かみ合いピッチ円上の圧力角がかみ合い圧力角である。表3.3(b)には，転位係数 $x_1 = +0.6$, $x_2 = +0.36$, 頂げき $c_k = 0.25m$, 歯数 $z_1 = 12$, $z_2 = 24$ の転位平歯車の寸法の計算結果の一例を示した。表3.3(b)において，転位係数を $x_1 = x_2 = 0$ とすれば，表3.3(a)となる。表3.3(b)に示した計算式について若干補足する。転位歯車の中心距離 C_w は，

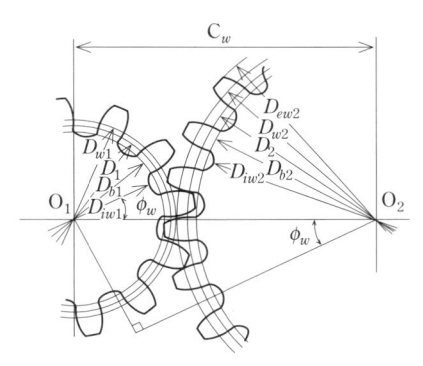

図3.25(b)　転位平歯車のかみ合い
($\phi = 20°$, $z_1 = 12$, $z_2 = 24$, $x_1 = +0.6$, $x_2 = +0.36$)

$$C_w = m\left(\frac{z_1 + z_2}{2} + y\right) = C + ym \qquad (3.18①)$$

ここで，C は標準歯車の中心距離，y は中心距離増加係数である。転位歯車のかみ合いピッチ円直径 D_{w1}, D_{w2}, かみ合い圧力角 ϕ_w は，

表3.3(a)　標準平歯車の計算

項目	記号	計算式	計算例	
			小歯車	大歯車
モジュール	m		3	
圧力角	ϕ		20°	
歯数	z_1, z_2		12	24
中心距離	C	$\frac{(z_1 + z_2)m}{2}$	54.000	
ピッチ円直径	D	zm	36.000	72.000
基礎円直径	D_b	$D \cos \phi$	33.829	67.658
歯末のたけ	h_k	$1.00m$	3.000	3.000
全歯たけ	h	$2.25m$	6.750	6.750
歯先円直径	D_e	$D + 2m$	42.000	78.000
歯底円直径	D_i	$D - 2.5m$	28.500	64.500

$$D_{w1} = \frac{2C_w z_1}{z_1 + z_2}$$

$$D_{w2} = \frac{2C_w z_2}{z_1 + z_2}$$

$$\phi_w = \cos^{-1} \frac{D_{b1} + D_{b2}}{2C_w} \tag{3.18②}$$

ここで，D_{b1}, D_{b2} は基礎円直径である。ϕ_w は，中心距離増加係数 y と関係し，

表 3.3(b)　転位平歯車の計算

項目	記号	計算式	計算例 小歯車	計算例 大歯車
モジュール	m		3	
圧力角	ϕ		20°	
歯数	z_1, z_2		12	24
転位係数	x_1, x_2		0.6	0.36
インボリュート ϕ_w	inv ϕ_w	$2\tan\phi \dfrac{x_1 + x_2}{z_1 + z_2} + \text{inv } \phi$	0.034316	
かみ合い圧力角	ϕ_w	inv $\phi_w = \tan\phi_w - \phi_w$ インボリュート関数表の利用	26.0886°	
中心距離増加係数	y	$\dfrac{z_1 + z_2}{2}\left(\dfrac{\cos\phi}{\cos\phi_w} - 1\right)$	0.83329	
中心距離	C_w	$\left(\dfrac{z_1 + z_2}{2} + y\right)m$	56.4999	
ピッチ円直径	D	zm	36.000	72.000
基礎円直径	D_b	$D\cos\phi$	33.829	67.658
かみ合いピッチ円直径	D_w	$\dfrac{D_b}{\cos\phi_w}$	37.667	75.333
歯末のたけ	h_{kw1} h_{kw2}	$(1+y-x_2)m$ $(1+y-x_1)m$	4.420	3.700
全歯たけ	h_w	$\{2.25 + y - (x_1 + x_2)\}m$	6.370	
歯先円直径	D_{ew}	$D + 2h_{kw}$	44.840	79.400
歯底円直径	D_{iw}	$D_{ew} - 2h_w$	32.100	66.660

$$\phi_w = \cos^{-1}\frac{\cos\phi}{\dfrac{2y}{z_1+z_2}+1} \qquad (3.18\,③)$$

ここで，ϕ は圧力角である。

3.7 歯車伝動

3.7.1 速度比

歯車における**速度比** i は，第 2 章で述べた摩擦車の直径が歯車のピッチ円直径に相当しているので，式 (3.6) より，

$$i = \frac{N_2}{N_1} = \frac{D_1}{D_2} = \frac{m\,z_1}{m\,z_2} = \frac{z_1}{z_2} \qquad (3.19)$$

ここで，m はモジュール，z は歯数である。ウォームにおいては，1 条のウォームは 1 回転で 1 ピッチ進み，2 条のウォームは 1 回転で 2 ピッチ進むので，条数が歯数に相当していると考えればよい。

速度比 ($i=N_2/N_1$) は分母に入力側の値 N_1 があるが，**変速比**（**減速比**）j の定義は分母に出力側の値 N_2 を置くので注意する。すなわち変速比 j は，

$$j = \frac{N_1}{N_2} \qquad (3.20)$$

であり，速度比の逆数となる。自動車においては，3.4 節で述べたように，トランスミッションによる回転数の変化を変速比（減速比），ファイナルギヤによる回転数の変化を終減速比と称する。また，原節の駆動歯車を**ドライブギヤ**（drive gear），従節の被動歯車（従動歯車）を**ドリブンギヤ**（driven gear）と称している。

例題 3.15

図 3.26 に示す一対の歯車において速度比，変速比を求めよ。図中（　）内の数値は歯数を示す。

[**解答**]　速度比 i は，

$$i = \frac{N_2}{N_1} = \frac{z_1}{z_2} = \frac{20}{40} = \frac{1}{2}$$

変速比は速度比の逆数であるので，2である。

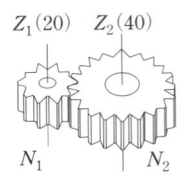

図3.26　速度比

問題3.12　ウォームとウォームホイールにおいて，ウォームは2条，速度比 1/20のとき，ウォームホイールの歯数を求めよ。

例題3.16

モジュール2，中心距離80 mm，速度比3/5の一対の平歯車の歯数を求めよ。

[解答]　式(3.8)，式(3.19)より，

$$z_1 + z_2 = 80 \qquad ①$$

$$\frac{3}{5} = \frac{z_1}{z_2} \qquad ②$$

式①，式②より z_1, z_2 を解くと，

$$z_1 = 30, \quad z_2 = 50$$

[別解]　式(3.8)より $z_1 + z_2 = 2C/m$ 　　③

式(3.19)より $z_1/z_2 = i$ 　　④

式③，式④より z_1, z_2 を解くと，

$$\left.\begin{array}{l} z_1 = \dfrac{2Ci}{m(i+1)} \\[6pt] z_2 = \dfrac{2C}{m(i+1)} \end{array}\right\} \quad ⑤$$

式⑤に数値を代入して，z_1, z_2 を求めてもよい。

問題3.13　モジュール4，中心距離160 mm，速度比3/5の一対の平歯車の歯数を求めよ。

問題 3.14 モジュール 2, 中心距離 60 mm, 速度比 1/2 の一対の平歯車の歯数を求めよ。

3.7.2 伝達力

歯車のピッチ円周上にかかる力 F が, 摩擦車の摩擦力に相当する伝達力である。図 3.27 に示すように, 標準平歯車の歯に加わる力（歯面に対して垂直な力）F_N は, ピッチ円の接線方向の力 F_t と半径方向の力 F_r に分解される。この接線方向の力（接線力）F_t が伝達力 F である。

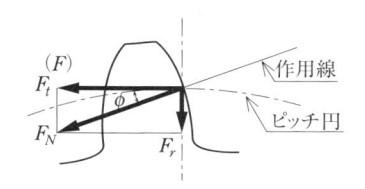

図 3.27 歯に加わる力

伝達動力 P は, 第 2 章の式 (2.13) より, F を伝達力〔N〕, V をピッチ円の周速度〔m/s〕, N を回転数〔rpm〕, D をピッチ円直径〔m〕とすると,

$$P〔\mathrm{W}〕 = FV = \frac{F\pi DN}{60} \tag{3.21①}$$

F を伝達力〔kgf〕とすれば,

$$\left. \begin{aligned} P〔\mathrm{PS}〕 &= \frac{FV}{75} = \frac{F\pi DN}{60 \times 75} \\ P〔\mathrm{kW}〕 &= \frac{FV}{102} = \frac{F\pi DN}{60 \times 102} \end{aligned} \right\} \tag{3.21②}$$

歯車の設計には, かみ合いによって歯の根元が折れないように歯の**曲げ強さ**や歯面が大きく, 摩耗あるいは剥離することのないように**面圧強さ**（歯面強さ）が考慮される。歯の曲げ強さの検討から, 歯車の伝達力 F と歯の大きさを示すモジュール m, 歯幅 b との関係は, 次式の**ルイス (Lewis) の式**で表される。

$$F = \pi \sigma_b b m y \tag{3.22}$$

ここで, σ_b は材料の許容曲げ応力, y は歯形係数である。歯形係数 y は, 歯先の一点に荷重が作用したとき, 歯元部分の歯の形状が発生する応力にどのように影響するかを表す係数である。表 3.4 に示すように, 圧力角 ϕ, 歯数 z により変化する。例えば, $\phi = 20°$ の並歯では, $z = 20$ で $y = 0.102$, $z = \infty$ と考えられるラッ

表3.4 平歯車の歯形係数（並歯）

歯数 z	圧力角 ϕ	
	14.5°	20°
12	0.067	0.078
13	0.071	0.083
14	0.075	0.088
15	0.078	0.092
16	0.081	0.094
17	0.084	0.096
18	0.086	0.098
19	0.088	0.100
20	0.090	0.102
21	0.092	0.104
22	0.093	0.105
24	0.095	0.107
26	0.098	0.110
28	0.100	0.112
30	0.101	0.114
34	0.104	0.118
38	0.106	0.122
43	0.108	0.126
50	0.110	0.130
60	0.113	0.134
75	0.115	0.138
100	0.117	0.142
150	0.119	0.146
300	0.122	0.150
ラック	0.124	0.154

クで $y=0.154$ という値を取る。許容曲げ応力 σ_b は，使用条件に応じて速度係数 f_v，荷重係数 f_w を適切に見込んで次式より求める。

$$\sigma_b = f_v f_w \sigma_S \tag{3.23}$$

ここで，σ_S は材料の標準許容曲げ応力である。速度係数 f_v は歯車の回転速度により値が決められ，荷重係数 f_w は荷重の負荷状態によって値が決められる。

一方，面圧強さの検討から，伝達力 F は，

$$F = \sigma_0 D_1 b \frac{2z_2}{z_1 + z_2} \tag{3.24}$$

ここで，D_1 は小歯車のピッチ円直径，b は歯幅，z_1 は小歯車の歯数，z_2 は大歯車の歯数，σ_0 は材料の許容接触応力である．面圧強さを考慮しない歯車は，特にピッチ点付近の歯面に著しい摩耗や点食を生じ，滑らかな動力の伝達が不可能となる．摩耗に対し歯車の速度の影響が大きいので，速度係数 f_v を考慮すると，伝達力 F は，

$$F = f_v \sigma_0 D_1 b \frac{2z_2}{z_1 + z_2} \tag{3.25}$$

例題 3.17

機械構造用炭素鋼 S45C の小歯車と鋳鉄 FC250 の大歯車の一対の標準平歯車がある．歯数 $z_1 = 20$，$z_2 = 50$，モジュール $m = 4$，圧力角 $\phi = 20°$，歯幅 $b = 40$ mm，小歯車の回転数 $N_1 = 1\,200$ rpm のとき，伝達力，伝達動力を求めよ．

[解答] 歯車の許容伝達力を確認するため，式(3.22)，式(3.25)より伝達力 F を求める概要を示す．ピッチ円の周速度 V は，

$$\begin{aligned}V &= \pi D_1 \frac{N_1}{60} = \pi m z_1 \frac{N_1}{60} \\ &= 3.14 \times \frac{4}{1\,000} \times 20 \times \frac{1\,200}{60} = 5.02 \text{ m/s}\end{aligned}$$

速度係数 f_v は，速度 V の値により決められる．ここでは，$V = 0.5 \sim 10$ m/s の低速用に適用される f_v の式，$f_v = 3.05/(3.05 + V)$ より，$f_v = 0.378$ とする．荷重係数 f_w は，静かに荷重がかかる ($f_w = 0.8$)，あるいは荷重が変動する ($f_w = 0.74$) など，荷重の負荷状態によって値が異なる．ここでは，$f_w = 0.8$ とする．材料の標準許容曲げ応力 σ_S は，S45Cでは 300 MPa，FC250 では 110 MPa である．歯形係数 y は，表 3.4 より小歯車の y は 0.102，大歯車の y は 0.130 である．以上の数値を式(3.22)に代入すると，伝達力が求められる．300 MPa = 300×10^6 N/m^2 = 300 N/mm^2，110 MPa = 110 N/mm^2 であるので，小歯車の伝達力 F_1，

大歯車の伝達力 F_2 は，

$$F_1 = \pi \sigma_b \, bmy = \pi (f_v f_w \sigma_S) bmy$$
$$= 3.14 \times (0.378 \times 0.8 \times 300) \times 40 \times 4 \times 0.102 = 4\,649 \text{ N}$$
$$F_2 = 3.14 \times (0.378 \times 0.8 \times 110) \times 40 \times 4 \times 0.130 = 2\,173 \text{ N}$$

一方，面圧強さの検討における許容接触応力 σ_0 は，歯車の材料の組合わせと圧力角によって決められる．S45C と FC250 の組合わせおよび $\phi = 20°$ では，$\sigma_0 = 0.79$ MPa $= 0.79$ N/mm^2 である．式(3.25)より伝達力 F_3 は，

$$F_3 = f_v \sigma_0 D_1 b \frac{2z_2}{z_1 + z_2}$$
$$= 0.38 \times 0.79 \times (4 \times 20) \times 40 \times \frac{2 \times 50}{20 + 50} = 1\,365 \text{ N}$$

許容伝達力は，求めた伝達力の小さい値である 1 365 N となる．したがって，伝達動力 P は，式(3.21a)より，

$$P = FV = 1\,365 \times 5.02 = 6\,852 \text{ W} = 6.9 \text{ kW}$$

例題 3.18

ピッチ円直径 100 mm の平歯車が 1 000 rpm で回転し，伝達動力が 3 馬力であるとき，伝達力 F を求めよ．

[**解答**] 式(3.21②)より，

$$F = (75 \times 60) \frac{P}{\pi DN} = 75 \times 60 \frac{3}{3.14 \times 0.1 \times 1\,000}$$
$$= 43.0 \text{ kgf} = 422 \text{ N}$$

問題 3.15 ピッチ円直径 100 mm の平歯車が 1 500 rpm で回転し，伝達動力が 3 馬力であるとき，伝達力 F を求めよ．

問題 3.16 一定速度 54 km/h で走行している自動車の走行抵抗が 90 kgf であるとき，所要馬力を求めよ．

3.7.3 トルク

歯車に作用するトルクを確認する。トルク T はねじりモーメントともいい，その大きさは力と距離の積で表される。図 3.28 にスパナでナットを締め付ける様子を示した。ナットの中心 O におけるトルク（$T = Fr$）は，長いスパナを使い距離 r を大きくすれば，力 F が同じであっても大きくなるので，ナットを回す力（偶力），すなわち，ナットを締め付ける力（偶力）は大きくなる。同様に，一対の歯車において，伝達力 F は同じでも r が大きいとトルク（偶力）が大きくなるので，歯車の軸には小歯車の軸より大きなトルクが作用する。

問題 3.17 一対の歯車 A，B において，歯数は $z_A = 20$, $z_B = 40$ である。歯車 A がトルク 70 N·m, 200 rpm で回転しているとき，歯車 B の回転数，トルクを求めよ。

問題 3.18 図 3.29 に示すように，T 型レンチの a, b 点に 100 N の力を加える。締め付けトルクを求めよ。

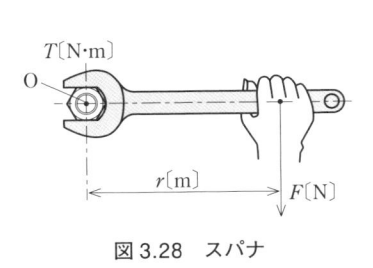

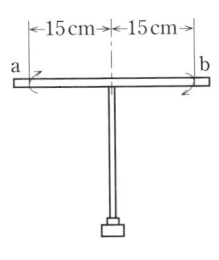

図 3.28 スパナ

図 3.29 T 型レンチ

3.8 変速歯車装置

原軸の回転数が一定のとき，従軸の回転数を変えるには軸に歯車を付け替えればよい。しかし，実用上従軸の回転数を変えるとき，原軸の回転を止めずに歯車のかみ合いを換える装置が必要である。この装置を変速歯車装置という。歯数は

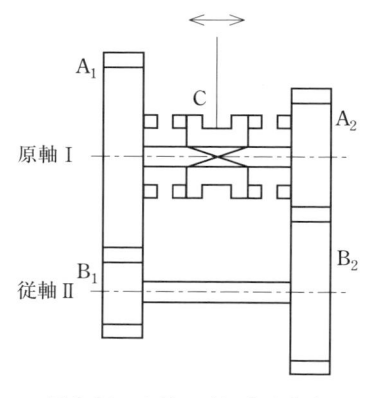

図 3.30 クラッチによる変速 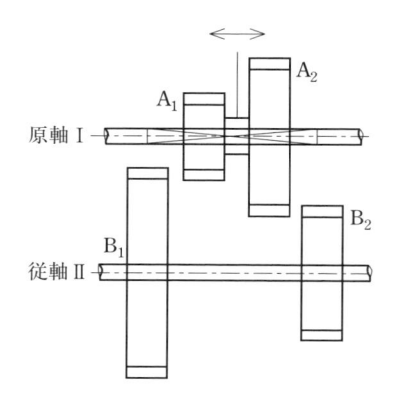　　　　図 3.31 すべり歯車による変速

整数であるから，従軸の回転を連続的に変化（無段変速）させることはできない。一般に，速度比を等比級数に近く取り，従軸の回転速度を変化させる。

変速歯車装置における機構の基本例を以下に述べる。

図 3.30 は，クラッチを用いる機構である。A_1，A_2 は原軸 I 上を自由に回転する歯車，B_1，B_2 は従軸 II に固定された歯車である。クラッチ C は原軸にすべりキーによって取り付けられている。クラッチ C を左右に移動させ A_1 または A_2 にかみ合わせると，回転は A_1 から B_1 または A_2 から B_2 に伝わり，従軸が異なった回転数で回転する。

図 3.31 は，すべり歯車を用いる機構である。歯車 A_1，A_2 は一体で，すべりキーによって原軸 I 上に取り付けられている。一体の歯車 A_1，A_2 を原軸上左右に移動させ，従軸 II に固定されている B_1 または B2 とかみ合わせる。すなわち，A_1 と B_1 あるいは A_2 と B_2 がかみ合い，従軸の回転数は変化する。

図 3.32 は，揺り歯車を用いる機構である。原軸 I に歯車 A（A_1〜A_6）が固定されている。すべりキーにより従軸 II に取り付けられた C は左右に動き，また常に C とかみ合う B は，C の中心の回りを腕 H によって動く。A の回転は遊び歯車 B を介して C に伝えられ，従軸の回転数が変化する。例えば，A_4 とかみ合っている B を A_4 から離し，B を左に移動させ A_3 とかみ合わせると，従軸の回転数は変化する。

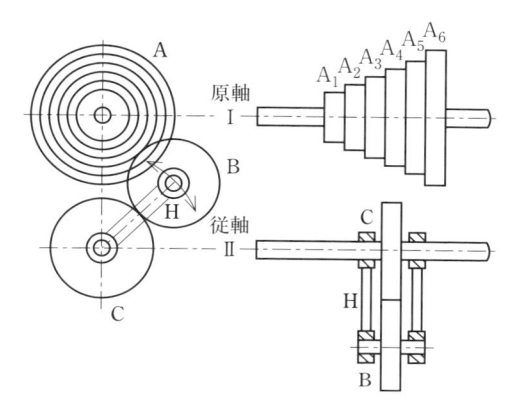

図3.32　揺り歯車による変速

例題 3.19

シンクロメッシュ機構を確認せよ。

[解答]　歯車による変速は，原理的には歯数の異なる歯車をかみ合わせればよい。しかし，変速を行うとき，回転速度が異なる歯車のかみ合わせは騒音や歯の損傷をもたらす。そこで，3.4節で述べたマニュアルトランスミッションでは，回転速度が異なる2つの歯車を摩擦力で同期させた後，滑らかにかみ合わせる**シンクロメッシュ**（synchromesh）機構を利用している。シンクロメッシュ機構は，図3.33に示すように，ハブ，スリーブ，リング，テーパコーン部と称する凸形状をもつ歯車で構成される。テーパコーン部の外周に存在するリングが同期作用を行い，軸にスプラインによって取り付けられたハブが，図3.30に示したクラッチの役目をする。変速を行うとき，ハブの外周にスプラインによって取り付けられているスリーブが，シフトフォークによってハブ上を移動し，ハブと所用の歯車を連結することにより，軸は歯車によって回転する。スリーブが歯車の外周に移動する際，スリーブ（ハブ）と歯車の回転数が異なるので，両者の間に介在する摩擦環であるリングが歯車のテーパコーン部に接触し，歯車とスリーブの回転数を同期させる。

3.8　変速歯車装置

シフトフォーク

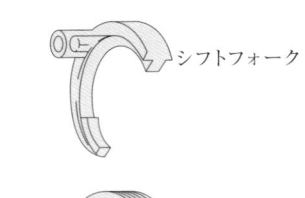

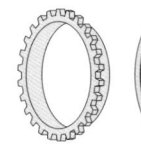

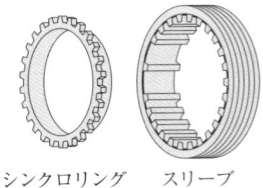

歯車　シンクロリング　スリーブ　シンクロハブ　歯車，リング，ハブ

図3.33　シンクロメッシュ機構

問題3.19 歯車を軸に取り付ける方法を確認せよ。

3.9 歯車列とその応用

　数組の歯車を組み合わせ，出力側の回転数を増減させる仕組みに構成された一群の歯車を**歯車列**（gear train）という。歯車列の速度比（回転比）の取扱いは2つに大別される。

3.9.1 中心固定の歯車列

　中心固定の歯車列の速度比を確認するため，基本的歯車列を説明する。自動車では，3.4節で述べたマニュアルトランスミッションがこの歯車列の代表例である。

（1）遊び歯車

　図3.34において，歯車A，B，Cの回転数を N_A, N_B, N_C, 歯数を z_A, z_B, z_C とする。この歯車列の速度比（回転比）は，一対の歯車の組合わせ，すなわちAとB，BとCを一対の歯車と考えて求める。このとき，AとBではAが原節，BとCではBが原節である。式(3.19)より，

$$\frac{N_B}{N_A} = \frac{z_A}{z_B} \qquad ①$$

$$\frac{N_C}{N_B} = \frac{z_B}{z_C} \qquad ②$$

式①，式②より，

$$\frac{N_C}{N_A} = \frac{N_B}{N_A} \cdot \frac{N_C}{N_B} = \frac{z_A}{z_C} \qquad ③$$

したがって，この歯車列の速度比（A, C 間の速度比）N_C/N_A は，中間の歯車 B に関係なく，A と C を直接かみ合わせた場合と同じである。ただし，C の回転方向は A と同方向で，A と C を直接かみ合わせた場合と異なる。B のような歯車を**遊び歯車**（**アイドルギヤ**，idle gear）という。

問題 3.20 アイドルギヤの使用例を確認せよ。

問題 3.21 図 3.34 において，歯車 A の回転数は 100 rpm，歯数は $z_A = 40$, $z_B = 20$, $z_C = 80$ である。歯車 B, C の回転数を求めよ。

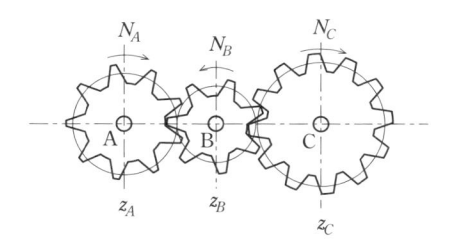

図 3.34 アイドルギヤ

例題 3.20

図 3.35 に示す歯車列の速度比（A, D 間の速度比）を求めよ。歯車 A, B, C, D の回転数を，N_A, N_B, N_C, N_D，歯数を z_A, z_B, z_C, z_D とする。

[**解答**]　一対の歯車について速度比を求める。

$$\frac{N_B}{N_A} = \frac{z_A}{z_B}$$

$$\frac{N_C}{N_B} = \frac{z_B}{z_C}$$

3.9 歯車列とその応用

$$\frac{N_D}{N_C} = \frac{z_C}{z_D}$$

したがって，歯車列の速度比 N_D/N_A は，

$$\frac{N_D}{N_A} = \frac{N_B}{N_A} \cdot \frac{N_C}{N_B} \cdot \frac{N_D}{N_C} = \frac{z_A}{z_D}$$

となり，B, C の歯車の存在に関係しない。歯車 D の回転方向は，遊び歯車がこの例のように偶数個入れると A と反対方向であるが，奇数個入れると同方向になる。

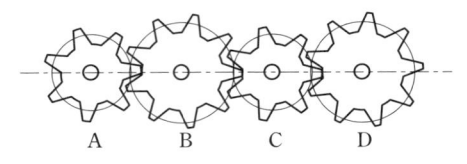

図 3.35 歯車列の速度比

(2) 同軸上に固定された歯車

図 3.36 において，歯車 A, B, C, D の回転数を，N_A, N_B, N_C, N_D，歯数を z_A, z_B, z_C, z_D とする。歯車 B, C は同軸上に固定されているので，$N_B = N_C$ である。速度比（回転比）を求める方法は，前記 (1) と同様である。すなわち，A と B，C と D を一対の歯車とすると，

$$\frac{N_B}{N_A} = \frac{z_A}{z_B} \qquad ①$$

$$\frac{N_D}{N_C} = \frac{z_C}{z_D} \qquad ②$$

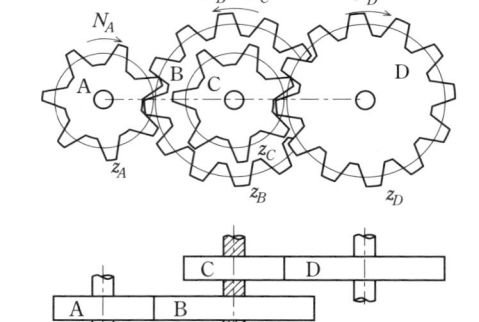

図 3.36 同軸上に固定された歯車

$N_B = N_C$ であるので，歯車列の速度比 i は，式①，式②より，

$$i = \frac{N_D}{N_A} = \frac{N_B}{N_A} \cdot \frac{N_D}{N_C} = \frac{z_A}{z_B} \cdot \frac{z_C}{z_D} = \frac{z_A \cdot z_C}{z_B \cdot z_D} \qquad ③$$

式③は，速度比 i が，

$$i = \frac{\text{原節の歯数の積}}{\text{従節の歯数の積}} \tag{3.26}$$

であることを示す。

問題 3.22 図 3.36 において，歯数は $z_A = 17$，$z_B = 34$，$z_C = 21$，$z_D = 30$ である。歯車 A がトルク 70 N·m，2 000 rpm で回転しているとき，歯車 D の回転数とトルクを求めよ。

例題 3.21

図 3.37 において，歯車 A，B，C，D，E，F の回転数を N_A，N_B，N_C，N_D，N_E，N_F，歯数を $z_A = 40$，$z_B = 20$，$z_C = 27$，$z_D = 18$，$z_E = 35$，$z_F = 14$ とする。$N_A = 120$ rpm とするとき，N_B，N_C，N_D，N_E，N_F を求めよ。また，歯車列の速度比を求めよ。

[解答] A と B，C と D，E と F を一対の歯車と考えると，

$$\frac{N_B}{N_A} = \frac{z_A}{z_B}$$

$$\frac{N_D}{N_C} = \frac{z_C}{z_D}$$

$$\frac{N_F}{N_E} = \frac{z_E}{z_F}$$

ここで，$N_B = N_C$，$N_D = N_E$ であることに注意すれば，与題より，$N_B = N_C = 240$ rpm，$N_D = N_E = 360$ rpm，$N_F = 900$ rpm となる。したがって，

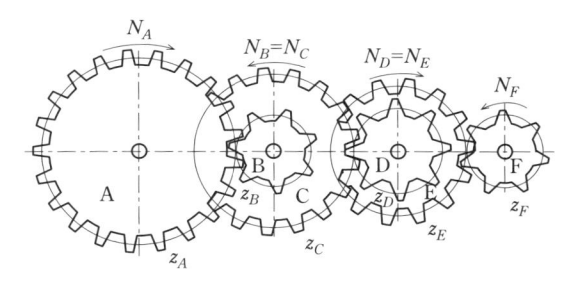

図 3.37　歯車列

歯車列の速度比（A，F間の速度比）N_F/N_A は，

$$\frac{N_F}{N_A} = \frac{900}{120} = 7.5$$

速度比を求めるとき，式 (3.26) を用いてもよい．すなわち，

$$\frac{N_F}{N_A} = \frac{z_A \cdot z_C \cdot z_E}{z_B \cdot z_D \cdot z_F} = \frac{40 \times 27 \times 35}{20 \times 18 \times 14} = 7.5$$

問題 3.23 図 3.38 の装置において，モータが 3600 rpm のとき，出力軸の回転数を求めよ．図中（ ）内の数値は歯数を示す．E はウォームで条数は 1 である．

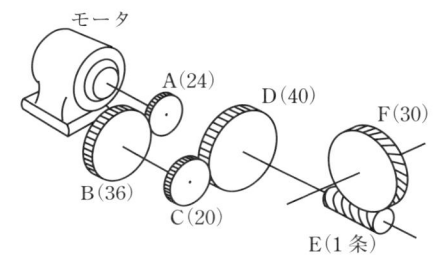

図 3.38 歯車列

例題 3.22

図 3.39 に示すような前進 5 段のトランスミッションを備え，終減速比が 3.9 の自動車（FR 車）において，エンジンの回転数が 3200 rpm である．図中（ ）内の数値は歯数を示す．

(1) カウンタシャフトの回転数を求めよ．
(2) 第 2 速の速度比，変速比を求めよ．
(3) 第 2 速にシフトして直進しているとき，駆動輪の回転数を求めよ．

[解答] マニュアルトランスミッションの機構がわかれば，歯車列の問題である．

(1) は，インプットギヤ（メインドライブギヤ）M とカウンタギヤ C のかみ合いの問題である．$N_C/N_M = z_M/z_C$ より，

$$N_C = N_M \frac{z_M}{z_C} = 3200 \times \frac{22}{31} = 2271 \text{ rpm}$$

(2) では，図 3.40 に示すように，M → C → C_2 → M_2 と回転が伝動されるので，速度比は N_{M2}/N_M である．一対の歯車について速度比を求

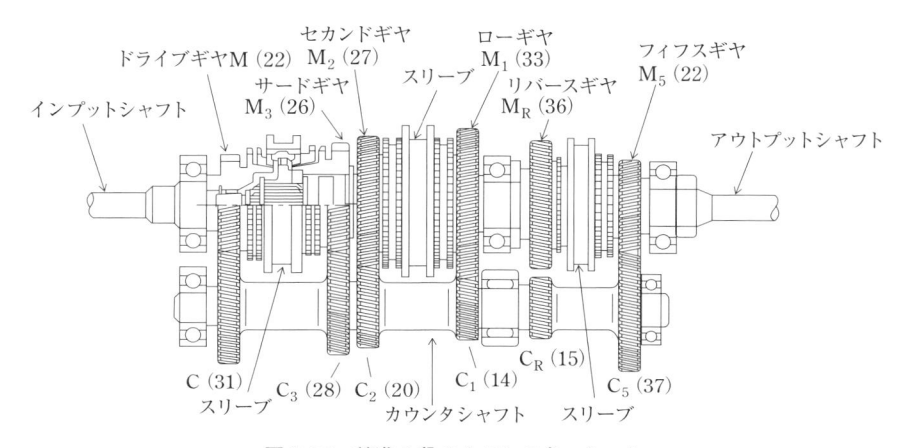

図3.39　前進5段のトランスミッション

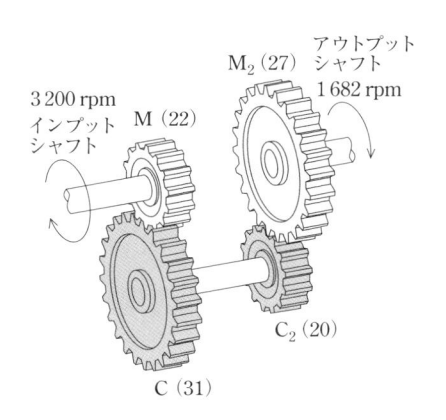

図3.40　第2速における回転の様子

めると，

$$\frac{N_C}{N_M} = \frac{z_M}{z_C}$$

$$\frac{N_{M2}}{N_{C2}} = \frac{z_{C2}}{z_{M2}}$$

ここで，$N_C = N_{C2}$ であるので，速度比は，

$$\frac{N_{M2}}{N_M} = \frac{z_M \cdot z_{C2}}{z_C \cdot z_{M2}} = \frac{22 \times 20}{31 \times 27} = \frac{440}{837} = 0.526$$

3.9　歯車列とその応用

変速比は速度比の逆数であるので，837/440 = 1.902 である．

(3) では，(2) の解答を参照すれば，エンジンの回転数 N_M が 3 200 rpm であるので，N_{M2} は 3 200 × 0.526 rpm となる．変速比を使えば，N_{M2} は 3 200/1.902 rpm である．このアウトプットシャフト（メインシャフト）の回転数 N_{M2} は，ファイナルギヤで減速され駆動輪の回転数となる．このときの減速比（終減速比）が 3.9，すなわち速度比が 1/3.9 であるので，駆動輪の回転数は，$N_{M2}/3.9 = (3\,200/1.902) \times (1/3.9) = 431$ rpm となる．

このことからわかるように，駆動輪の回転数は，エンジンの回転数を変速比と終減速比の積（総減速比）で割って求めることができる．

すなわち，3 200/(1.902 × 3.9) = 431 rpm と計算してもよい．

問題 3.24 例題 3.22 において，第 1 速，第 3 速，第 4 速および第 5 速の変速比を求めよ．

問題 3.25 図 3.41 に示す前進 4 段のトランスミッションの第 1 速～第 4 速の変速比を求めよ．図中（ ）内の数値は歯数を示す．

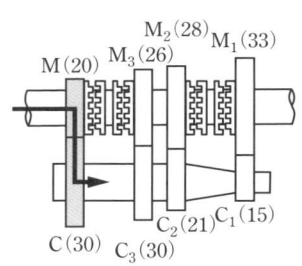

図 3.41　前進 4 段のトランスミッション

問題 3.26 総減速比 5 の自動車の走行を考える．タイヤ（駆動輪）の半径を 50 cm とし，すべりなどを無視する．

① エンジン回転数 2 000 rpm とするときタイヤの駆動軸の回転数を求めよ．

② 車速を求めよ．

③ エンジンの軸トルクを 100 N·m とするとき駆動軸のトルクを求めよ．

④駆動力を求めよ．

3.9.2　差動歯車列（ディファレンシャルとオートマチックトランスミッション）

前項の歯車列では，各歯車の中心は固定された定点であった．これに対し，1つの歯車の周囲を他の歯車が回る機構がある．これを**遊星歯車装置**（planetary gears）といい，中心の歯車を**太陽歯車**（sun gear），公転する歯車を**遊星歯車**（planet gear），この2つを結ぶものを**腕**（プラネタリキャリヤ）と呼ぶ．太陽歯車，遊星歯車，腕のうち2つに回転を与えれば，他の1つはそれらの影響を受けて回転する．このような遊星歯車を使った歯車列を**差動歯車列**（differential gear train）という．差動歯車列は自動車のディファレンシャルやオートマチックトランスミッションなどに利用されている．

(1) 差動歯車列の速度比

図3.42に示すかみ合う1組の歯車A（太陽歯車），B（遊星歯車）において，Bは腕Hに支えられ歯車Aを中心として公転する．このとき，回転数は空間に対する絶対回転数を考える．すなわち，Bが軸の回りに自転はしなくても，公転の際に空間に対して1回転すれば，Bの回転数は1である．太陽歯車Aにも回転を与えると，遊星歯車Bは公転以外に太陽歯車の回転の影響も受ける．そこで，

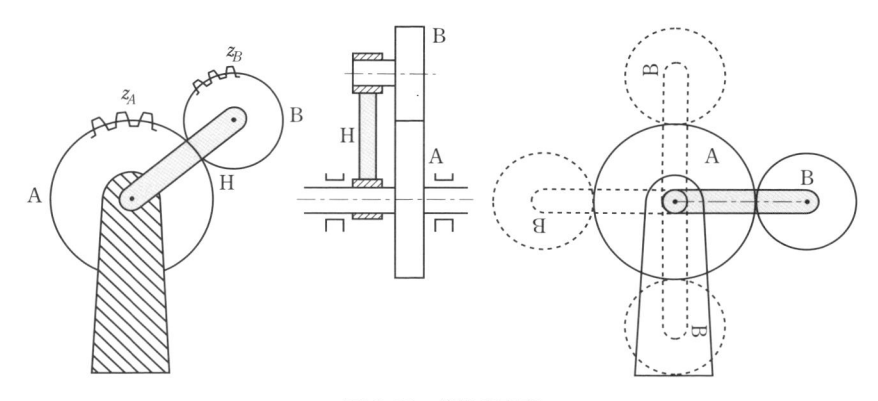

図3.42　差動歯車列

下記の例題で示すように，歯車の回転方向が時計回りを正，反時計回りを負とし，それぞれの影響を合成して回転数を求める．

例題 3.23

図 3.42 において，歯車 A, B の歯数は $z_A = 40$, $z_B = 20$ である．A が反時計方向に 2 回転し，腕 H が時計方向に 1 回転するとき，B はどの方向に何回転するか．

[解答] 求める B の回転数を x として表にする．

		H	A	B
①	問題	1	-2	x
②	全体固定	1	1	1
③	腕固定	0	-3	$-(-3) \times \dfrac{40}{20} = 6$
④	合成回転数	1	-2	7

求める回転数 x は，$x = 1 + 6 = 7$，すなわち B は時計方向に 7 回転する．表の作成は，全体固定と腕固定の和が求める回転数という考え方でつくる．

①問題の行の数字は与題に合わせる．正，負の符号は時計方向，反時計方向を示す．

②全体固定のとき，この行の A, B の箇所は，与題の H の数字に合わせる．

③腕固定のとき H は 0 である．この行の A の箇所は，与題の A の数字から全体固定の A の数字を引いた数になる．B の箇所は，求めた A の数字に歯数比を掛けた数になる．すなわち，$N_B/N_A = z_A/z_B$ より，$N_B = N_A z_A/z_B$ である．ここで，A と B の回転方向が異なるので回転方向を考え，$N_B = -N_A(z_A/z_B)$ と，負の符号を付けた．

④求める回転数である合成回転数は全体固定と腕固定の和である．

問題 3.27

図 3.42 において，歯車 A, B の歯数は $z_A = 36$, $z_B = 18$ である．A

は反時計方向に4回転し，腕Hは時計方向に6回転する。Bの回転数を求めよ。

問題 3.28 図3.42において，歯車A, Bの歯数は$z_A = 40$, $z_B = 20$である。歯車Aは固定し，腕Hは時計方向に1回転する。Bの回転数を求めよ。

例題 3.24

図3.42において，歯車A, Bの歯数は$z_A = 40$, $z_B = 20$である。Aは時計方向に2回転し，Bは時計方向に5回転する。腕の回転数を求めよ。

[解答] 腕の回転数をxとして表にする。

	H	A	B
問題	x	2	5
全体固定	x	x	x
腕固定	0	$-x+2$	$-(-x+2)\dfrac{40}{20}$
合成回転数	x	2	$x-(-x+2)\dfrac{40}{20}$

$$x-(-x+2)(2)=5$$

∴ $x = 3$，すなわち腕は時計方向に3回転する。

問題 3.29 図3.42において，歯車A, Bの歯数は$z_A = 36$, $z_B = 18$である。Aは2回転し，Bは5回転する。腕の回転数を求めよ。

例題 3.25

図3.43において，歯車B, Cは同軸上に固定されている。腕Hが時計方向に3回転し，Aが時計方向に2回転するとき，Dの回転数を求めよ。歯数は$z_A = 90$, $z_B = 30$, $z_C = 60$, $z_D = 20$である。

[解答] 求めるDの回転数をxとする。

	H	A	B, C	D
問題	3	2	x'	x
全体固定	3	3	3	3
腕固定	0	-1	$1 \times \dfrac{90}{30}$	$-1 \times \dfrac{90}{30} \cdot \dfrac{60}{20}$
合成回転数	3	1	6	-6

$x = -6$ となり，D は腕 H と反対方向に 6 回転する。

問題 3.30 図 3.43 において，$z_A = 90$，$z_B = 30$，$z_C = 60$，$z_D = 20$ である。A は -2 回転し，腕 H は -3 回転する。D の回転数を求めよ。

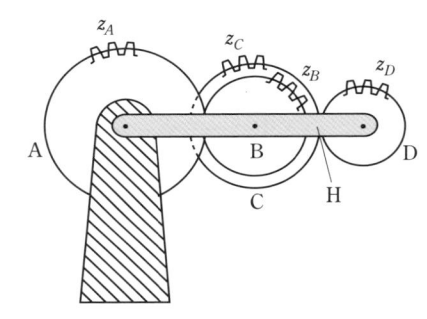

図 3.43 歯車 D の回転数

例題 3.26

図 3.44 において，内歯車 C は固定されている。腕 H が A の回りに回転するとき，A の回転数と H の回転数の比を求めよ。歯数は $z_A = 40$，$z_B = 32$，$z_C = 100$ である。

[解答] 腕が 1 回転するとき，A は x 回転したとする。

	H	A	B	C
問題	1	x	x'	0
全体固定	1	1	1	1
腕固定	0	$x-1$	$-(x-1)\dfrac{40}{32}$	$-(x-1)\dfrac{40}{32} \cdot \dfrac{32}{100}$
合成回転数	1	x	$-\dfrac{40}{32}x + \dfrac{72}{32}$	$-\dfrac{2}{5}x + \dfrac{7}{5}$

$-(2/5)x + (7/5) = 0$ より $x = 7/2$ となるので，

$$\frac{N_A}{N_H} = \frac{\frac{7}{2}}{1} = \frac{7}{2}$$

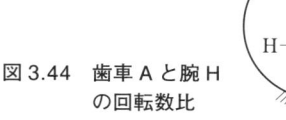

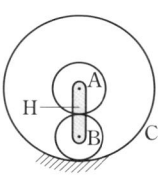

図 3.44 歯車 A と腕 H の回転数比

[別解] 歯車の配置を変えた表を示す。

	H	C	B	A
問題	1	0	x'	x
全体固定	1	1	1	1
腕固定	0	-1	$-1 \times \frac{100}{32}$	$-1 \times \frac{100}{32} \cdot -\frac{32}{40}$
合成回転数	1	0	$-\frac{68}{32}$	$\frac{140}{40}$

$$x = \frac{140}{40} = \frac{7}{2}$$

例題 3.27

図 3.45 において，歯車 B，C は一体で，腕 H に取り付けられて自由に回転する。歯車 A は固定され腕 H が N_H 回転するとき，歯車 D の回転数を求めよ。歯数を z_A, z_B, z_C, z_D とする。

[解答] 求める D の回転数を x とする。

	H	A	B, C	D
問題	N_H	0	x'	x
全体固定	N_H	N_H	N_H	N_H
腕固定	0	$-N_H$	$-N_H \frac{z_A}{z_B}$	$N_H \left(\frac{z_A}{z_B} \cdot \frac{z_C}{z_D} \right)$
合成回転数	N_H	0	$N_H \left(1 - \frac{z_A}{z_B}\right)$	$N_H \left(1 + \frac{z_A}{z_B} \cdot \frac{z_C}{z_D}\right)$

$$x = N_H \left(1 + \frac{z_A}{z_B} \cdot \frac{z_C}{z_D}\right)$$

問題 3.31 図 3.45 において，$z_A = 60$，$z_B = 20$，$z_C = 28$，$z_D = 14$ のとき，N_D と N_H の関係を求めよ．

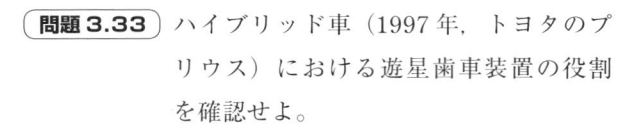

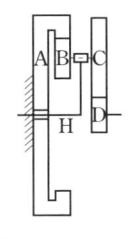

図 3.45　歯車 D の回転数

問題 3.32 図 3.46 において，歯車 A は軸 I に固定され回転しない．歯車 B，C は一体で，軸 II に取り付けられて自由に回転する．腕 H を 2 500 回転させるとき，歯車 D の回転数を求めよ．歯数は $z_A = z_C = 48$，$z_B = z_D = 50$ である．

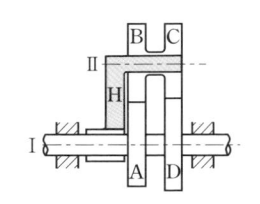

図 3.46　歯車 D の回転数

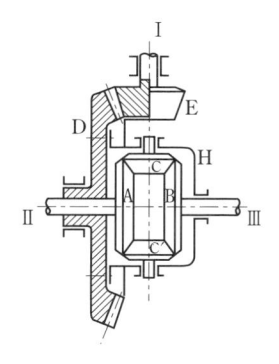

問題 3.33 ハイブリッド車（1997 年，トヨタのプリウス）における遊星歯車装置の役割を確認せよ．

(2) ディファレンシャル

ディファレンシャルは，3.4 節で述べたように，左右の駆動輪を異なる回転数で回転させる装置である．図 3.47 に後輪を駆動させるディファレンシャル（差動装置）の機構を示す．プロペラシャフトに連結されたシャフト I の回転は，かさ歯車 E を経てかさ歯車 D に伝わる．歯車 E，D が，3.4 節で述べたファイナルギヤである．D に伝わった回転は，D に固定された腕 H を回転させ，H が支えているかさ歯車 C，C'（機構上 C' は不要）を介してかさ歯車 A，B に伝えられ，後輪の車軸

図 3.47　ディファレンシャル

Ⅱ，Ⅲを回転させる．

　自動車が直進するとき，歯車 C，C′ は自転せず，H(D) と A，B，C，C′ は一体となって回転するので，2つの駆動輪は同一回転する．自動車が左右に旋回するとき，歯車 C，C′ は自転し，外側の車輪の回転数を増加させ内側の回転数を減少させる．その結果，自動車は滑らかに旋回する．例えば，右に旋回するとき，抵抗により右車輪(B)の回転が落ち，その分，C，C′ を介して左車輪(A)の回転が増す．このとき，左右の車輪の平均回転数は腕 H(D) の回転数となる．

例題 3.28

自動車が旋回するとき，外側車輪と内側車輪の平均回転数は一定であることを確認せよ．

[解答] 車輪の回転数を N_A，N_B，腕の回転数を N_H とする．

	H	A	B
問題	N_H	N_A	NB
全体固定	N_H	N_H	N_H
腕固定	0	$N_A - N_H$	$-(N_A - N_H)$
合成回転数	N_H	N_A	$-N_A + 2N_H$

$-N_A + 2N_H = N_B$ より $N_H = (N_A + N_B)/2$ となる．N_H は自動車の駆動条件で決まる一定値であるので，外側車輪と内側車輪の平均回転数 $(N_A + N_B)/2$ は一定である．

問題 3.34 図 3.47 において，A は回転せず，H(D) が 1 回転するとき，B の回転数を求めよ．

問題 3.35 エンジンを止めた自動車において，図 3.47 に示す車軸Ⅱを −1 回転させる．車軸Ⅲの回転数を求めよ．

問題 3.36 図 3.48 に示すファイナルギヤを備える自動車がある．図中 (　)

内の数値は歯数を示す．

① トランスミッションを第2速にシフトして直進する．第2速の変速比が1.8，エンジンの回転数が1750 rpmであるとき，車輪の回転数を求めよ．

② 上記の条件で旋回する．内側車輪の回転数が245 rpmであるとき，外側車輪の回転数を求めよ．

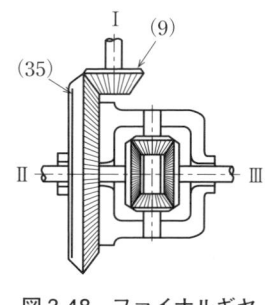

図3.48　ファイナルギヤ

問題 3.37 LSD（Limited Slip Differential）の役割を確認せよ．

(3) オートマチックトランスミッション

オートマチックトランスミッション（AT，Automatic Transmission）は，図3.49に示すように，トルクコンバータ，プラネタリギヤ（遊星歯車装置），油圧制御装置から構成されている自動変速装置である．トルクコンバータは，1.7節で述べたように，流体クラッチの役目とエンジンの軸トルクを増大させる役目をもつ．油圧制御装置は，エンジンの負荷状態と車速に対応して各種クラッチ，ブレーキを作動させ，変速を行うプラネタリギヤを制御する．

オートマチックトランスミッションの種類，すなわち，3速AT～5速ATによって2，3組のプラネタリギヤが使用されている．3組のプラネタリギヤが使用

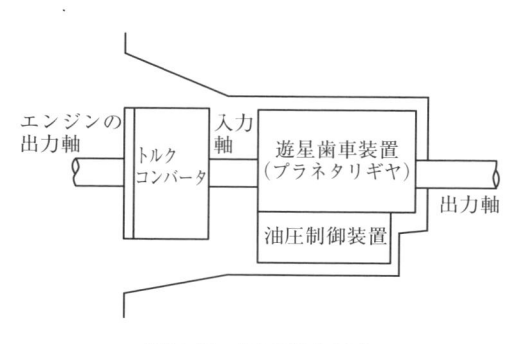

図3.49　ATの基本構成

されている5速ATのタイプにおいて、作動機構は2組のプラネタリギヤと1組のプラネタリギヤの利用で変速を行い、機構上3組のプラネタリギヤの直接的な関与はない。したがって、2組のプラネタリギヤによる作動機構である4速ATの変速の概要を確認することが、オートマチックトランスミッションの機構の基本を理解することになる。

4速ATの変速を行うプラネタリギヤの作動機構の一例は、図3.50に示すように、各種クラッチ、ブレーキおよび2組のプラネタリギヤから構成されている。変速を行うプラネタリギヤの作動機構は、オートマチックトランスミッションの機種により異なるので、ここではプラネタリギヤによる変速機構の概要を確認することにとどめる。機構上、Dレンジ2速のみ2組のプラネタリギヤが関与するが、他のレンジではフロントあるいはリヤの1組のプラネタリギヤが作動する。

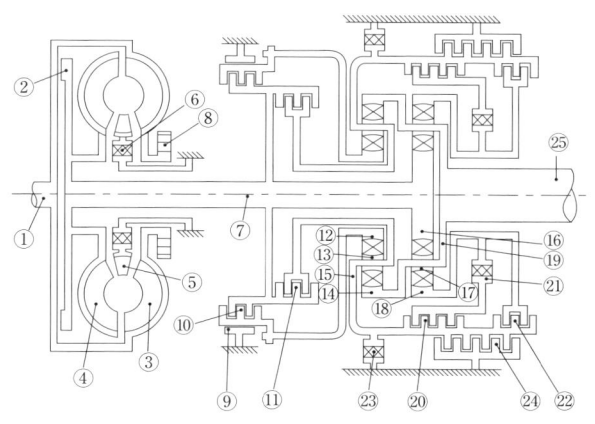

①クランクシャフト
②ロックアップクラッチ
③ポンプインペラ
④タービンランナ
⑤ステータ
⑥ワンウェイクラッチ
⑦インプットシャフト
⑧オイルポンプ
⑨ブレーキバンド
⑩リバースクラッチ
⑪ハイクラッチ
⑫フロントサンギヤ
⑬フロントプラネタリピニオン
⑭フロントインターナルギヤ
⑮フロントプラネタリキャリヤ
⑯リヤサンギヤ
⑰リヤプラネタリピニオン
⑱リヤインターナルギヤ
⑲リヤプラネタリキャリヤ
⑳フォワードクラッチ
㉑フォワードワンウェイクラッチ
㉒オーバランクラッチ
㉓ローワンウェイクラッチ
㉔ローリバースブレーキ
㉕アウトプットシャフト

図3.50 4速AT

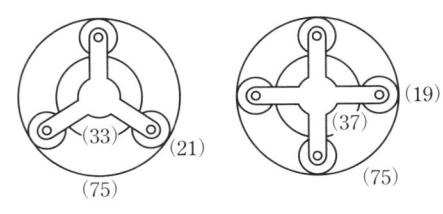

図3.51 プラネタリギヤの歯数

プラネタリギヤを構成するサンギヤ，プラネタリピニオン，プラネタリキャリヤ，インターナルギヤの模式図を図3.51に示す。図中（ ）内の数値は，フロントとリヤの2組のプラネタリギヤの各歯数を示す。プラネタリピニオンとプラネタリキャリヤの外観の一例を図3.52に示したが，このプラネタリピニオンの内周部にサンギヤがかみ合い，外周部にインターナルギヤがかみ合う。

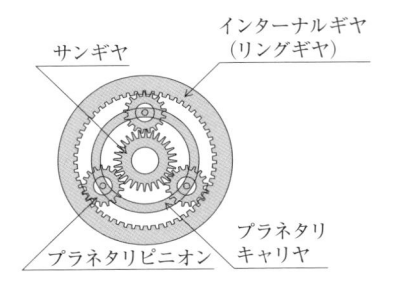

プラネタリピニオンとプラネタリキャリヤ

図3.52 プラネタリギヤの構成

表3.5に変速を行うプラネタリギヤの作動を示す。表中，Fはフロント，Rはリヤであり，添字のSはサンギヤ，Cはプラネタリキャリヤ，Iはインターナルギヤを表す。サンギヤ，プラネタリキャリヤ，インターナルギヤの回転数については，上述した差動歯車列の速度比の考え方を利用すればよい。プラネタリキャリヤ（C）は本節2項で述べた腕Hに相当し，プラネタリピニオン（P）は本節1項で述べた遊び歯車に相当する。

表3.5 4速AT（図3.50）の変速条件

	入力	固定	出力	備考
Dレンジ1速	R_S	R_I	R_C	
Dレンジ2速	R_S	F_S	R_C	$F_C=R_I$, $F_I=R_C$
Dレンジ3速	$R_S=R_I$		R_C	
Dレンジ4速	F_C	F_S	F_I	
Rレンジ	F_S	F_C	F_I	

1) Dレンジ1速

図3.50において，トルクコンバータの動力はインプットシャフト⑦からリヤサンギヤ⑯に伝達される。リヤインターナルギヤ⑱は，作動する⑳とともに回転しようとするが，㉓の作動により回転しない。すなわち，リヤインターナルギヤが固定となり，駆動されるリヤプラネタリキャリヤ⑲と一体であるアウトプットシャフト㉕は減速されて出力する。リヤプラネタリギヤの作動は次のようになる。

インプットシャフト→リヤサンギヤ→リヤプラネタリピニオン→リヤプラネタリキャリヤ→アウトプットシャフト

例題 3.29

(1) Dレンジ1速の変速比を確認せよ。

[解答] プラネタリキャリヤ，サンギヤ，プラネタリピニオン，インターナルギヤの各回転数を N_C, N_S, N_P, N_I とする。リヤプラネタリギヤにより変速を行う。サンギヤが入力，プラネタリキャリヤが出力，インターナルギヤは固定である。

リヤ	C	S	P	I
問題	N_C	N_S	N_P	0
全体固定	N_C	N_C	N_C	N_C
腕固定	0	$N_S - N_C$	$-(N_S-N_C)\left(\dfrac{37}{19}\right)$	$-(N_S-N_C)\left(\dfrac{37}{19}\right)\left(\dfrac{19}{75}\right)$

$$N_C - (N_S - N_C)\left(\frac{37}{19}\right)\left(\frac{19}{75}\right) = 0$$

$$\therefore \quad N_S = \left(\frac{112}{37}\right) N_C = 3.027 N_C$$

2) Dレンジ2速

図3.50において，トルクコンバータの動力はインプットシャフト⑦からリヤサンギヤ⑯に伝達される。⑭，⑲および㉕は一体であるので，駆動されるリヤプラネタリキャリヤ⑲とフロントインターナルギヤ⑭の回転数は同じである。また，

⑳の作動により⑮と⑱は連結されるので，フロントプラネタリキャリヤ⑮とリヤインターナルギヤ⑱の回転数は同じである。動力は⑯から⑰，⑱，⑮に伝達される。ここで⑨の作動によりフロントサンギヤ⑫が固定となり，⑭が駆動される。⑭，⑲と一体であるアウトプットシャフト㉕は，⑱が同方向に回転する影響を受け，Dレンジ1速のときより速く回転している。フロントプラネタリギヤとリヤプラネタリギヤの作動は次のようになる。

インプットシャフト→リヤサンギヤ→リヤプラネタリオピニオン→リヤインターナルギヤ→フロントプラネタリキャリヤ→フロントプラネタリオピニオン→フロントインターナルギヤ→リヤプラネタリキャリヤ→アウトプットシャフト

例題3.29

(2) Dレンジ2速の変速比を確認せよ。

[解答] 2組のプラネタリギヤが作動するので若干複雑である。リヤサンギヤが入力，リヤプラネタリキャリヤが出力であるが，リヤインターナルギヤとフロントプラネタリキャリヤの回転数は同じであり，フロントインターナルギヤとリヤプラネタリキャリヤの回転数は同じである。また，フロントサンギヤは固定である。

リヤ	C	S	P	I
問題	N_{RC}	N_{RS}	N_{RP}	N_{RI}
全体固定	N_{RC}	N_{RC}	N_{RC}	N_{RC}
腕固定	0	$N_{RS}-N_{RC}$	$-(N_{RS}-N_{RC})\left(\dfrac{37}{19}\right)$	$-(N_{RS}-N_{RC})\left(\dfrac{37}{19}\right)\left(\dfrac{19}{75}\right)$

$$N_{RC}-(N_{RS}-N_{RC})\left(\dfrac{37}{19}\right)\left(\dfrac{19}{75}\right)=N_{RI} \qquad ①$$

フロント	C	S	P	I
問題	N_{RI}	0	N_{FP}	N_{RC}
全体固定	N_{RI}	N_{RI}	N_{RI}	N_{RI}
腕固定	0	$-N_{RI}$	$N_{RI}\left(\dfrac{33}{21}\right)$	$N_{RI}\left(\dfrac{33}{21}\right)\left(\dfrac{21}{75}\right)$

$$N_{RI} + N_{RI}\left(\frac{33}{21}\right)\left(\frac{21}{75}\right) = N_{RC} \qquad ②$$

式①,式②より N_{RI} を消去すると,

$$N_{RS} = \left(\frac{2\,157}{1\,332}\right)N_{RC} = 1.619 N_{RC}$$

[別解]

フロント	C	S	P	I
問題	N_{FC}	0	N_{FP}	N_{FI}
全体固定	N_{FC}	N_{FC}	N_{FC}	N_{FC}
腕固定	0	$-N_{FC}$	$N_{FC}\left(\dfrac{33}{21}\right)$	$N_{FC}\left(\dfrac{33}{21}\right)\left(\dfrac{21}{75}\right)$

$$N_{FC} + N_{FC}\left(\frac{33}{21}\right)\left(\frac{21}{75}\right) = N_{FI}$$

ここで,$N_{FC} = N_{RI}$,$N_{FI} = N_{RC}$ より式②となる.

3) Dレンジ3速

図3.50において,トルクコンバータの動力はインプットシャフト⑦からリヤサンギヤ⑯に伝達される.また,⑪と⑳の作動により動力は⑦から⑮,⑱に伝達される.リヤサンギヤ⑯とリヤインターナルギヤ⑱が同一回転数で同方向に回転するので,⑰は自転しないで⑯,⑱と一緒に回転する.すなわち,リヤプラネタリギヤは一体となって回転するので,⑦と㉕の回転数は同じである.リヤプラネタリギヤの作動は次のようになる.(　)内の部品は動力の伝達に介在し,変速に関与しないことを示す.

```
インプットシャフト ┬→ リヤサンギヤ→リヤプラネタリピニオン ─────────┐
                  ├→ (ハイ      )→(フロントプラネ)→リヤインター  │
                  │   クラッチ      タリキャリヤ      ナルギヤ     │
                  └→ リヤプラネタリキャリヤ→アウトプットシャフト ←┘
```

例題 3.29

(3) Dレンジ3速の変速比を確認せよ。

[解答] リヤプラネタリギヤにより変速を行う。サンギヤとインターナルギヤが入力，プラネタリキャリヤが出力である。

リヤ	C	S	P	I
問題	N_C	N_S	N_P	$N_I = N_S$
全体固定	N_C	N_C	N_C	N_C
腕固定	0	$N_S - N_C$	$-(N_S - N_C)\left(\dfrac{37}{19}\right)$	$-(N_S - N_C)\left(\dfrac{37}{19}\right)\left(\dfrac{19}{75}\right)$

$$N_C - (N_S - N_C)\left(\frac{37}{19}\right)\left(\frac{19}{75}\right) = N_S$$

∴ $N_C = N_S$, すなわち，変速比は1である。

4) Dレンジ4速

図3.50において，⑪が作動し，トルクコンバータの動力はインプットシャフト⑦からフロントプラネタリキャリヤ⑮に伝達される。ここで，⑨の作動によりフロントサンギヤが固定となり，⑭が駆動され，⑭と一体である⑲と㉕を増速回転させる。フロントプラネタリギヤの作動は次のようになる。(　)内の部品は動力の伝達に介在し，変速に関与しないことを示す。

　　インプットシャフト→(ハイクラッチ)→フロントプラネタリキャリヤ→
　　フロントプラネタリピニオン→フロントインターナルギヤ→(リヤプラネ
　　タリキャリヤ)→アウトプットシャフト

例題 3.29

(4) Dレンジ4速の変速比を確認せよ。

[解答] フロントプラネタリギヤにより変速を行う。プラネタリキャリヤが入力，インターナルギヤが出力，サンギヤは固定である。

フロント	C	S	P	I
問題	N_C	0	N_P	N_I
全体固定	N_C	N_C	N_C	N_C
腕固定	0	$-N_C$	$N_C\left(\dfrac{33}{21}\right)$	$N_C\left(\dfrac{33}{21}\right)\left(\dfrac{21}{75}\right)$

$$N_C + N_C\left(\frac{33}{21}\right)\left(\frac{21}{75}\right) = N_I$$

$$\therefore \quad N_C = \left(\frac{75}{108}\right)N_I = 0.694 N_I$$

このレンジでは，出力側の回転数が入力側の回転数より高い。すなわち，オーバドライブの変速を行っている。

5) Rレンジ

図 3.50 において，⑩が作動し，トルクコンバータの動力はインプットシャフト⑦からフロントサンギヤ⑫に伝達される。ここで㉔の作動によりフロントプラネタリキャリヤ⑮が固定となり，⑫が正転すると⑭は減速されて逆転する。フロントプラネタリギヤの作動は次のようになる。（　）内の部品は動力の伝達に介在し，変速に関与しないことを示す。

> インプットシャフト→（リバースクラッチ）→フロントサンギヤ→フロントプラネタリピニオン→フロントインターナルギヤ→（リヤプラネタリキャリヤ）→アウトプットシャフト

例題 3.29

(5) Rレンジの変速比を確認せよ。

[解答] フロントプラネタリギヤにより変速を行う。サンギヤが入力，インター

ナルギヤが出力，プラネタリキャリヤは固定である．キャリヤが固定であるので，本節1項で述べた中心固定の歯車列の問題である．

フロント	C	S	P	I
問題	0	N_S	N_P	N_I
回転数	0	N_S	$-N_S\left(\dfrac{33}{21}\right)$	$-N_S\left(\dfrac{33}{21}\right)\left(\dfrac{21}{75}\right)$

$$N_I = -N_S\left(\frac{33}{21}\right)\left(\frac{21}{75}\right)$$

$$\therefore\quad N_S = -\left(\frac{75}{33}\right)N_I = -2.273 N_I$$

[別解] 中心固定の歯車列の回転数を求める方法によると，

$$\frac{N_P}{N_S} = \frac{z_S}{z_P}$$

$$\frac{N_I}{N_P} = \frac{z_P}{z_I}$$

$$\therefore\quad \frac{N_I}{N_S} = \frac{z_S}{z_I} = \frac{33}{75}$$

したがって，変速比 (N_S/N_I) は $75/33 = 2.273$

問題 3.38 4速ATの変速を行う2組のプラネタリギヤを図3.53に示す．作動機構は例題3.29と同じであるとして，各レンジの変速比を求めよ．

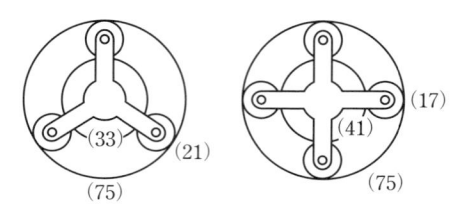

フロントプラネタリギヤ　リヤプラネタリギヤ

図 3.53　プラネタリギヤの歯数

例題 3.30

3速ATにおける各レンジの変速比を確認せよ．

[解答] 3速ATの変速を行うプラネタリギヤの作動機構の一例は，図3.54に示すように，各種クラッチ，ブレーキおよび2組のプラネタリギヤから構成されている．図中の部品の番号は，前述の図3.50に対応させてあるが，プラネタリギヤの作動機構は若干異なる．図3.54において，入力はⒷを介して一体であるフロントとリヤのサンギヤ（⑫，⑯）あるいはⒸを介してフロントインターナルギヤ⑭であり，出力はフロントプラネタリキャリヤ⑮あるいはリヤインターナルギヤ⑱である．ここでは変速比を確認することにとどめる．

フロントとリヤの2組のプラネタリギヤの各歯数を図3.55に示す．

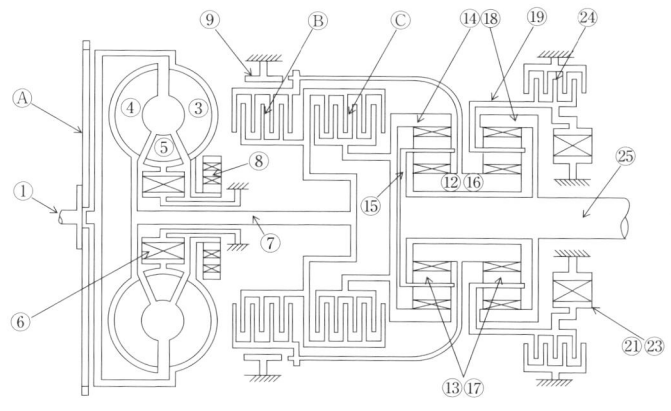

①クランクシャフト　　　⑨ブレーキバンド　　　　Ⓐドライブプレート
③ポンプインペラ　　　　⑫⑯サンギヤ　　　　　　Ⓑフロントクラッチ
④タービンランナ　　　　⑬⑰プラネタリピニオン　Ⓒリヤクラッチ
⑤ステータ　　　　　　　⑭⑱インターナルギヤ
⑥ワンウェイクラッチ　　⑮フロントプラネタリキャリヤ
⑦インプットシャフト　　⑲リヤプラネタリキャリヤ
⑧オイルポンプ　　　　　㉑㉓ワンウェイクラッチ
　　　　　　　　　　　　㉔ローリバースブレーキ
　　　　　　　　　　　　㉕アウトプットシャフト

図 3.54　3速AT（番号は図3.50と対応）

変速を行うプラネタリギヤの作動は，表3.6に示すように，Ｄレンジ1速において2組のプラネタリギヤが関与する。表中，Fはフロント，Rはリヤ，Cはプラネタリキャリヤ，Iはインターナルギヤ，Sはサンギヤを表す。すなわち，F_Sはフロントサンギヤ，R_Sはリヤサンギヤを示す。表3.6に示した変速条件より，各レンジの変速比は例題3.29を参照すれば求めることができる。2組のプラネタリギヤが作動しているＤレンジ1速についてのみ確認のため説明し，他のレンジの変速比については結果のみ示す。

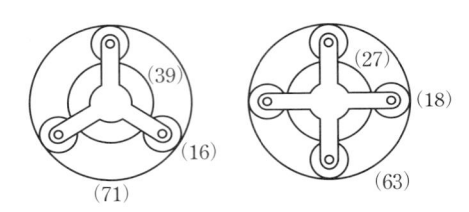

フロントプラネタリギヤ　リヤプラネタリギヤ

図 3.55

表3.6　3速AT（図3.54）の変速条件

	入力	固定	出力	備考
Ｄレンジ1速	F_I	R_C	F_C	$F_S = R_S$, $R_I = F_C$
Ｄレンジ2速	F_I	F_S	F_C	
Ｄレンジ3速	$F_S = F_I$		F_C	
Ｒレンジ	R_S	R_C	R_I	

Ｄレンジ1速

フロント	C	S	P	I
問題	N_{FC}	N_{FS}	N_{FP}	N_{FI}
全体固定	N_{FC}	N_{FC}	N_{FC}	N_{FC}
腕固定	0	$N_{FS} - N_{FC}$	$-(N_{FS} - N_{FC})\left(\dfrac{39}{16}\right)$	$-(N_{FS} - N_{FC})\left(\dfrac{39}{16}\right)\left(\dfrac{16}{71}\right)$

$$N_{FI} = N_{FC} - (N_{FS} - N_{FC})\left(\frac{39}{16}\right)\left(\frac{16}{71}\right) \qquad ①$$

リヤ	C	S	P	I
問題	0	$N_{RS} = N_{FS}$	N_{RP}	$N_{RI} = N_{FC}$
回転数	0	N_{FS}	$-N_{FS}\left(\dfrac{27}{18}\right)$	$N_{FS}\left(\dfrac{27}{18}\right)\left(\dfrac{18}{63}\right)$

$$N_{FC} = -N_{FS}\left(\frac{27}{18}\right)\left(\frac{18}{63}\right) \qquad ②$$

式①,式②より N_{FS} を消去すると,

$$N_{FI} = \left(\frac{201}{71}\right) N_{FC} = 2.831 N_{FC}$$

Dレンジ2速 $\quad N_{FI} = (110/71) N_{FC} = 1.549 N_{FC}$

Dレンジ3速 $\quad N_{FS} = N_{FI} = N_{FC}$, すなわち変速比は1である。

Rレンジ $\quad N_{RS} = (63/27) N_{RI} = 2.333 N_{RI}$

問題 3.39 3速ATの変速を行う2組のプラネタリギヤを図3.56に示す。フロントとリヤの各歯数は同じである。作動機構は例題3.30と同じであるとして,各レンジの変速比を求めよ。

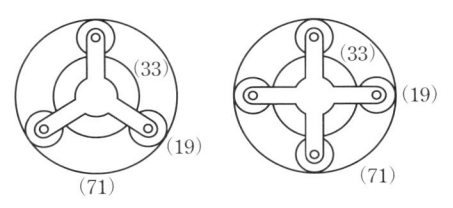

図 3.56

演習問題

❶ 一対の歯車 A, B において，歯数 $z_A = 20$, $z_B = 45$, モジュール $m = 6$, 歯車 A の回転数 $N_A = 1200$ rpm である．ピッチ円直径 D_A, D_B, 中心距離 C, ピッチ円の周速度 V_A, V_B, 歯車 B の回転数 N_B を求めよ．

❷ モジュール 2, 中心距離 65 mm, 速度比 8/5 の一対の平歯車の歯数を求めよ．

❸ モジュール 2, 歯数 25, 50 の並歯の平歯車がかみ合うとき，かみ合い率を求めよ．圧力角は 20° である．

❹ 図 3.57 に示す歯車列の速度比 N_F/N_A を求めよ．図中（ ）内の数値は歯数を示す．E はウォームで条数は 2 である．

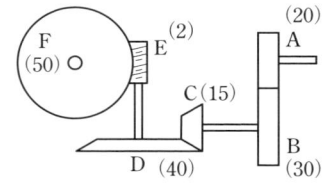

図 3.57　歯車列

❺ 図 3.42 において，歯車 A, B の歯数は $z_A = 40$, $z_B = 20$ である．
（1）腕 H は 1 回転し，A は −2 回転する．B の回転数を求めよ．
（2）腕 H は 3 回転し，A は −2 回転する．B の回転数を求めよ．

❻ 図 3.43 において，歯数は $z_A = 90$, $z_B = 45$, $z_C = 60$, $z_D = 20$ である．
（1）A は固定し，腕 H は 1 回転する．D の回転数を求めよ．
（2）A は −2 回転し，腕 H は −3 回転する．D の回転数を求めよ．
（3）A は 2 回転し，D は 22 回転する．腕 H の回転数を求めよ．

❼ 図 3.58 に示すプラネタリギヤにおいて次の問に答えよ．図中（ ）内の数値は歯数を示す．

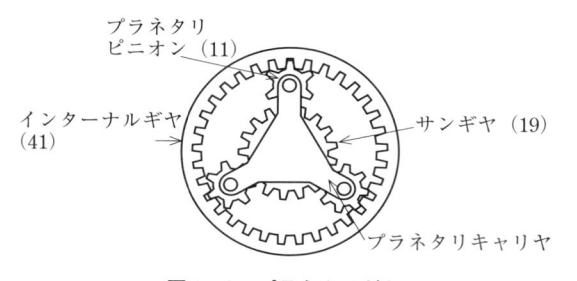

図 3.58　プラネタリギヤ

(1) プラネタリキャリヤを固定し，サンギヤが1000回転するとき，インターナルギヤの回転数を求めよ．
(2) インターナルギヤを固定し，サンギヤが1500回転するとき，プラネタリキャリヤの回転数を求めよ．
(3) サンギヤを固定し，インターナルギヤが500回転するとき，プラネタリキャリヤの回転数を求めよ．

第4章 巻掛け伝動装置

　2軸間に回転を伝えるとき，軸間距離が狭ければ摩擦車や歯車を用いることができるが，広い場合には**巻掛け伝動**が必要となる。巻掛け伝動とは，原軸の回転を従軸に伝えるのに両軸に車を置き，これにベルトやチェーンのような屈曲自由な**巻掛け媒介節**を張り渡して伝動する方法である。巻掛け媒介節は引張り方向へ運動を伝達するのに対し，第5章で述べるリンクは引張り，圧縮の両方向に運動を伝達する。巻掛け伝動装置は，自動車の登場時において走行駆動用（例えば，チェーン駆動の1886年のベンツ，1889年のパナール，ベルト駆動の1898年のラ・クレリ・ラブィルなど）として不可欠なものであった。しかし，今日の自動車におけるその重要性は，1920年代から適用されているカムシャフトの駆動といえる。巻掛け伝動装置の課題は，騒音，耐久性などを考慮して，より確実，より高速，より複雑な伝動を行うことである。

4.1 ベルト伝動

　平ベルト（flat belt）を単にベルトという。断面形状は長方形である。牛や水牛の皮をタンニンでなめした皮ベルト，木綿にゴムをしみ込ませたゴムベルトがおもに用いられる。ベルトを掛けるための車を**プーリ**（ベルト車：belt pulley）という。プーリの輪周は，図4.1 (a) のように直径が一様な円柱であってもよいが，ベルトを外れにくくするために図4.1 (b)，(c) のように中央部の直径を大きくする。この中央部と端部の高低差を**クラウン**（**中高**：crown）という。

　プーリにベルトを張り渡す方法には，図4.2 (a)，(b) に示すように，**オープンベルト**（**平行掛け**：open belting）と**クロスベルト**（**十字掛け**：cross belting）がある。オープンベルトでは摩擦伝達力を有効に利用するため，原軸のプーリはベルトを図示のように巻き上げるように回転させる。すなわち，プー

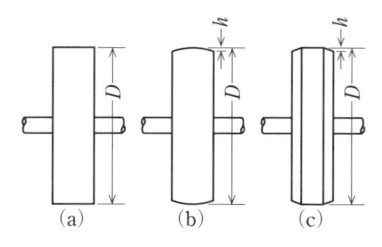

図4.1　プーリの輪周

リがベルトを引っ張る**張り側**（tension side）を下側に，プーリがベルトを送り出す**ゆるみ側**（slack side）を上側にする。ベルトがプーリに巻き付いている角度を**巻掛け角度**（巻掛け中心角，接触角度）αという。

4.1.1 速度比

ベルト伝動は，摩擦車の軸間距離（中心距離）が広くなったものと考えればよい。図4.2に示すように，Aを原車，Bを従車，それぞれの直径をD_1, D_2，回転数をN_1, N_2とする。ベルトの伸縮，ベルトとプーリ間のすべり，ベルトの厚さを無視すれば，ベルトの速度はプーリの円周速度Vに等しいので，

$$V = \frac{\pi D_1 N_1}{60} = \frac{\pi D_2 N_2}{60}$$

したがって，ベルト伝動の速度比iは，

$$i = \frac{N_2}{N_1} = \frac{D_1}{D_2} \tag{4.1}$$

となり，プーリの直径に反比例する。

実際のベルト伝動では，ベルトとプーリ間にすべりが生じて，1～3%くらい従車の回転数は小さくなる。すべりが4%以上になると発熱が多く，ベルトの寿命が短くなる。すべりを少なくするには，ベルトがプーリに巻き付く角度をなるべく大きくする。2軸の中心距離が狭く，速度比が大きい場合には，図4.3に示すような**張り車**（tension pulley）を用いて巻掛け角度を

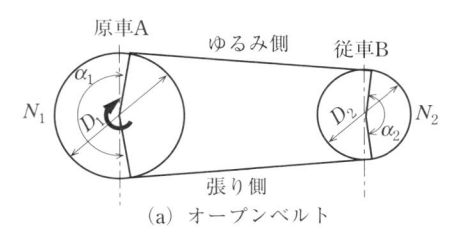

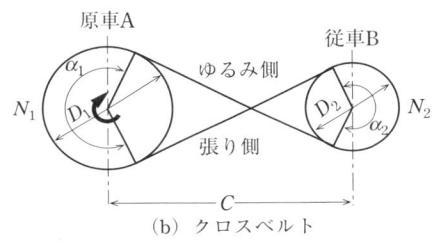

図4.2 ベルトの張り渡し方法
（a）オープンベルト
（b）クロスベルト

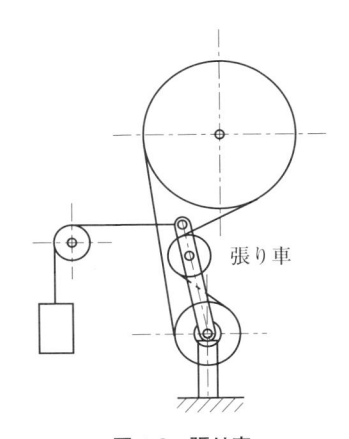

図4.3 張り車

4.1 ベルト伝動

大きくし，伝動を確実にする。一方，2軸の中心距離が広すぎるとベルトは波だち，伝動が不確実になる。

【例題 4.1】

ベルトの厚さを考慮したときの速度比を求めよ。

[解答] ベルトの厚さを b とする。ベルトがプーリに巻き付くとき，ベルトの内側は縮み，外側は伸びる。図 4.4 に示すように，厚さの中央を伸縮しないものと考えると，直径が D_1+b，D_2+b のプーリとみなせる。したがって，速度比 i は，

$$i=\frac{N_2}{N_1}=\frac{D_1+b}{D_2+b} \tag{4.2}$$

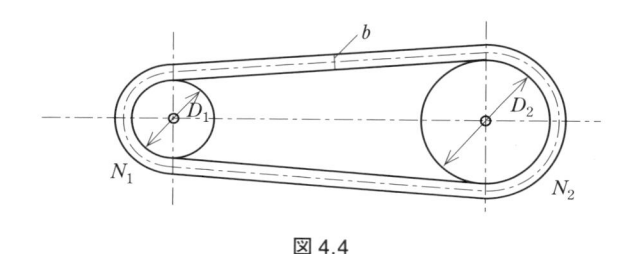

図 4.4

【例題 4.2】

一対のベルト車で原車の直径 240 mm，従車の直径 300 mm，原車が毎分 500 回転する。従車の回転数とベルトの速度を求めよ。

[解答] ベルトの厚さ，すべりを無視する。従車の回転数 N_2 は，式 (4.1) より，

$$N_2=\frac{N_1 D_1}{D_2}=\frac{500 \times 240}{300}=400 \text{ rpm}$$

ベルトの速度 V は，

$$V=\frac{\pi N_1 D_1}{60}=\frac{3.14 \times 0.24 \times 500}{60}=6.28 \text{ m/s}$$

【問題 4.1】 一対のベルト車で原車の直径 240 mm，従車の直径 400 mm，原車が

毎分500回転する。従車の回転数とベルトの速度を求めよ。

例題 4.3

図4.5に示すベルト伝動において，各車の直径は $D_A = 30$ cm，$D_B = 60$ cm，$D_C = 20$ cm，$D_D = 50$ cm である。Aの回転数 N_A が500 rpm であるとき，Dの回転数を求めよ。

[解答] AとB，CとDをそれぞれ一対のベルト車と考える。式 (4.1) より，

$$\frac{N_B}{N_A} = \frac{D_A}{D_B} \quad ①$$

$$\frac{N_D}{N_C} = \frac{D_C}{D_D} \quad ②$$

$N_B = N_C$ だから，式①，式②より，

$$N_D = \frac{N_A D_A D_C}{D_B D_D} = \frac{500 \times 30 \times 20}{60 \times 50} = 100 \text{ rpm}$$

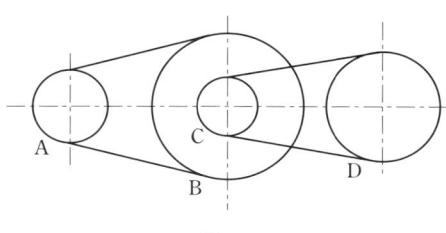

図 4.5

問題 4.2

図4.5において，$N_A = 500$ rpm，$D_A = 50$ cm，$D_B = 25$ cm，$D_C = 60$ cm，$D_D = 50$ cm のとき，Dの回転数を求めよ。

問題 4.3

図4.6に示すように，3個のプーリにベルトが掛けられている。図中（ ）内の数値はプーリの半径を示す。
①プーリAが，1 200 rpm で回転して

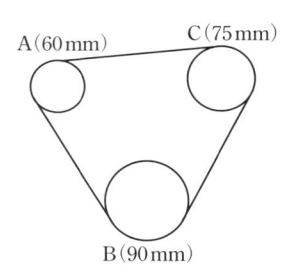

図 4.6

4.1 ベルト伝動

いるとき，プーリ B の回転数を求めよ。

② プーリ C を回転させるのに 45 N·m のトルクを必要とした。ベルトを引いてプーリ C を回転させるのに必要な力を求めよ。

4.1.2 ベルトの長さ

(1) オープンベルト

図 4.7 (a) に示すように，オープンベルトの場合のベルトの長さ L は，
$$L = 2\,(\overset{\frown}{\mathrm{ac}} + \mathrm{cd} + \overset{\frown}{\mathrm{de}})$$
O_2 から cd に平行線 $O_2\mathrm{h}$ を引けば，$\mathrm{cd} = O_2\mathrm{h} = C\cos\theta$ であるので，

$$L = 2\left\{\frac{\pi D_1\left(\frac{\pi}{2}+\theta\right)}{2\pi} + C\cos\theta + \frac{\pi D_2\left(\frac{\pi}{2}-\theta\right)}{2\pi}\right\}$$
$$= \frac{\pi}{2}(D_1+D_2) + \theta(D_1-D_2) + 2C\cos\theta \quad\text{①}$$

式①が θ を含まない形で表すと，ベルトの長さ L を求めるのに都合がよい。多くの場合，D_1-D_2 は軸間距離 C に比べてきわめて小さく，θ は微小とみなせるので，

$$\theta = \sin\theta = \frac{O_1\mathrm{h}}{O_1O_2} = \frac{D_1-D_2}{2C} \quad\text{②}$$

また，
$$\cos\theta = \sqrt{1-\sin^2\theta} = \sqrt{1-\left(\frac{D_1-D_2}{2C}\right)^2}$$
$$= 1 - \frac{(D_1-D_2)^2}{8C^2} \quad\text{③}$$

式③において，二項定理，
$$(1+x)^\delta = 1 + \frac{\delta x}{1!} + \frac{\delta(\delta-1)x^2}{2!} + \cdots \quad\text{④}$$

を利用している。式②，式③を式①に代入して整理すれば，ベルトの長さ L は，

$$L = \frac{\pi(D_1+D_2)}{2} + 2C + \frac{(D_1-D_2)^2}{4C} \tag{4.3}$$

(a) オープンベルト

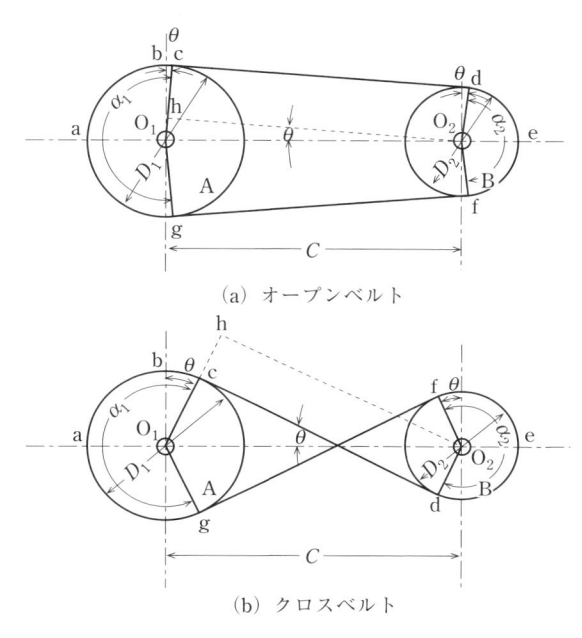

(b) クロスベルト

図 4.7 ベルトの長さ

(2) クロスベルト

図 4.7 (b) に示すように，クロスベルトの場合のベルトの長さ L は，
$$L = 2(\overparen{ac} + cd + \overparen{de})$$
O_2 から cd に平行線 O_2h を引けば，$cd = O_2h = C\cos\theta$ であるので，

$$\begin{aligned} L &= 2\left\{\frac{\pi D_1\left(\frac{\pi}{2}+\theta\right)}{2\pi} + C\cos\theta + \frac{\pi D_2\left(\frac{\pi}{2}+\theta\right)}{2\pi}\right\} \\ &= \frac{\pi}{2}(D_1+D_2) + \theta(D_1+D_2) + 2C\cos\theta \end{aligned} \qquad ⑤$$

式 (4.3) の導出と同様に，式⑤が θ を含まない形で表すと，

$$L = \frac{\pi(D_1+D_2)}{2} + 2C + \frac{(D_1+D_2)^2}{4C} \tag{4.4}$$

問題 4.4 式 (4.4) を確認せよ．

例題 4.4

図 4.7 (a), (b) において, 巻掛け角度 α_1, α_2 を求めよ.

[解答] オープンベルトの場合, 図 4.7 (a) より,

$$\sin\theta = \frac{D_1 - D_2}{2C} \qquad ①$$

$$\therefore \quad \theta = \sin^{-1}\frac{D_1 - D_2}{2C}$$

したがって, 巻掛け角度 α_1, α_2 は,

$$\left.\begin{array}{l} \alpha_1 = \pi + 2\theta = \pi + 2\sin^{-1}\dfrac{D_1 - D_2}{2C} \\[6pt] \alpha_2 = \pi - 2\theta = \pi - 2\sin^{-1}\dfrac{D_1 - D_2}{2C} \end{array}\right\} \qquad (4.5)$$

クロスベルトの場合, 図 4.7 (b) より,

$$\sin\theta = \frac{D_1 + D_2}{2C} \qquad ②$$

$$\therefore \quad \theta = \sin^{-1}\frac{D_1 + D_2}{2C}$$

したがって, 巻掛け角度 α_1, α_2 は,

$$\alpha_1 = \alpha_2 = \pi + 2\theta = \pi + 2\sin^{-1}\frac{D_1 + D_2}{2C} \qquad (4.6)$$

問題 4.5

原車の直径 240 mm, 従車の直径 300 mm, 軸間距離 4 m であるとき, 巻掛け角度を求めよ.

例題 4.5

原車の直径 240 mm, 従車の直径 300 mm, 軸間距離 4 m であるとき, ベルトの長さを求めよ.

[解答] オープンベルトでは式 (4.3) より,

$$L = 3.14 \times \frac{240+300}{2} + 2 \times 4\,000 + \frac{(240-300)^2}{4 \times 4\,000}$$
$$= 8\,848 \text{ mm}$$

クロスベルトでは式 (4.4) より，

$$L = \frac{3.14 \times (240+300)}{2} + 2 \times 4\,000 + \frac{(240+300)^2}{4 \times 4\,000}$$
$$= 8\,866 \text{ mm}$$

問題 4.6 原車の直径 240 mm，従車の直径 400 mm，軸間距離 4 m であるとき，オープンベルト，クロスベルトの各場合におけるベルトの長さを求めよ。

4.1.3 伝達力

　ベルトによる動力の伝達は，ベルトとプーリの間の摩擦によって行われるので，はじめにベルトを掛けるときに適当な張力をもたせ，ベルトをプーリに押し付ける必要がある。この張力を**最初張力**（initial tension）という。ベルトの張力は，プーリが回転を始めると，プーリがベルトを引っ張る張り側で大きくなり，プーリがベルトを送り出すゆるみ側で小さくなる。**張り側の張力を F_1，ゆるみ側の張力を F_2** とすると，プーリを回転させる力 F_e は，

$$F_e = F_1 - F_2 \tag{4.7}$$

である。F_e を**有効張力**（effective tension）という。F_1 と F_2 の関係は，式 (4.8) の張力比 F_1/F_2 を示す**アイテルワイン**（Eytelwein）**の式**で表され，

$$\frac{F_1}{F_2} = e^{\mu\alpha} \tag{4.8}$$

ここで，α はベルトの巻掛け角度〔rad〕，μ はベルトとプーリ間の摩擦係数，e は自然対数の底で 2.718 である。式 (4.7)，式 (4.8) から F_1，F_2 を求めると，

$$F_1 = \frac{F_e \cdot e^{\mu\alpha}}{e^{\mu\alpha} - 1}$$
$$F_2 = \frac{F_e}{e^{\mu\alpha} - 1}$$
(4.9)

高速回転によってベルトに作用する遠心力が無視できないとき，F_1, F_2 は mV^2 だけその張力が増加する。mV^2 を **遠心張力**（centrifugal tension）という。F_1, F_2 は式 (4.9) より，

$$F_1 = \frac{F_e \cdot e^{\mu\alpha}}{e^{\mu\alpha} - 1} + mV^2$$
$$F_2 = \frac{F_e}{e^{\mu\alpha} - 1} + mV^2$$
(4.10)

ここで，m はベルトの単位長さ当たりの質量，V はベルトの速度である。

伝達動力 P は，2.4 節で述べたことから，

$$P = F_e V \qquad (4.11①)$$

V をベルトの速度 〔m/s〕，F_e を有効張力 〔N〕とすると，

$$P \, [\mathrm{W}] = F_e V \qquad (4.11②)$$

F_e を有効張力 〔kgf〕とすれば，

$$P \, [\mathrm{PS}] = \frac{F_e V}{75}$$
$$P \, [\mathrm{kW}] = \frac{F_e V}{102}$$
(4.11③)

例題 4.6

アイテルワインの式 (4.8) を確認せよ。

[解答] 図 4.8 に示すように，巻掛け角度 α のベルトの任意の微小部を考える。微小部のベルトの長さを ds，巻掛け角度を $d\alpha$，ゆるみ側の引張を t，張り側の張力を $t + dt$ とする。ベルトはこれらの張力のためプーリに押し付けられ，逆に同じ力でプーリがベルトを押し返す。この力を Qds とする。μ を摩擦係数とすると，プーリとベルトの間の摩擦力は $\mu Q ds$ と

なる。これらの力が，低速回転でベルトに作用する遠心力を無視すると，平衡状態である。半径方向の力のつり合いを考えると，

$$Qds = t\sin\frac{d\alpha}{2} + (t+dt)\sin\frac{d\alpha}{2} = 2t\sin\frac{d\alpha}{2} + dt\sin\frac{d\alpha}{2}$$

ここで，$d\alpha$，dt は微小であるので，

$$\sin\frac{d\alpha}{2} = \frac{d\alpha}{2}, \quad dt\sin\frac{d\alpha}{2} = 0$$

$$\therefore \quad Qds = t\,d\alpha \qquad ①$$

一方，円周方向の力のつり合いを考えると，

$$(t+dt)\cos\frac{d\alpha}{2} = t\cos\frac{d\alpha}{2} + \mu Qds$$

ここで，$d\alpha$ は微小であるので，$\cos\dfrac{d\alpha}{2} = 1$

$$\therefore \quad dt = \mu Qds \qquad ②$$

式①，式②より $dt = \mu t\,d\alpha$

$$\therefore \quad \frac{dt}{t} = \mu\,d\alpha \qquad ③$$

式③を m から n まで積分すると，

$$\int_{F_2}^{F_1}\frac{dt}{t} = \mu\int_0^{\alpha}d\alpha$$

$$\log F_1 - \log F_2 = \mu\alpha$$

$$\log \frac{F_1}{F_2} = \mu\alpha \qquad ④$$

$$\therefore \quad \frac{F_1}{F_2} = e^{\mu\alpha}$$

問題 4.7 式④は自然対数で示され，e を対数の底にしている。式④を常用対数で示せ。

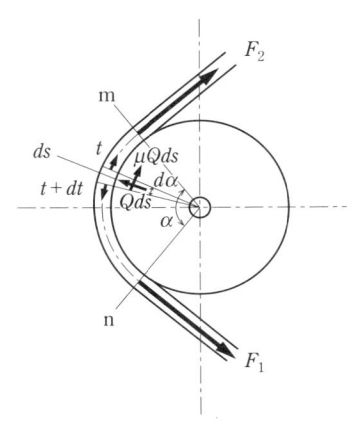

図 4.8 ベルトの微小部における力のつり合い

例題 4.7

摩擦係数 $\mu = 0.3$，巻掛け角度 $\alpha = 160°$，有効張力 $F_e = 750$ N のとき，張り側の張力 F_1，ゆるみ側の張力 F_2 を求めよ。

[解答] $\quad \alpha = 160° = (160/180) \times \pi = 2.791$ rad

$$\therefore \quad e^{\mu\alpha} = e^{0.3 \times 2.791} = 2.31$$

張り側の張力 F_1，ゆるみ側の張力 F_2 は，式 (4.9) より，

$$F_1 = \frac{F_e \cdot e^{\mu\alpha}}{e^{\mu\alpha} - 1} = 1\,322 \text{ N}$$

$$F_2 = \frac{F_e}{e^{\mu\alpha} - 1} = 572 \text{ N}$$

上記の計算において，F_2 を求め，$F_e = F_1 - F_2$ から F_1 を求めてもよい。

問題 4.8 摩擦係数 $\mu = 0.3$，巻掛け角度 $\alpha = 180°$，有効張力 $F_e = 750$ N のとき，張り側の張力 F_1，ゆるみ側の張力 F_2 を求めよ。

問題 4.9 図 4.9 において，横木に 2 回転半巻き付いているたずなを引っ張るのに必要な力を求めよ。横木から垂れ下がっているたずなの重りを 50 N，横木とたずなの摩擦係数を 0.3 とする。

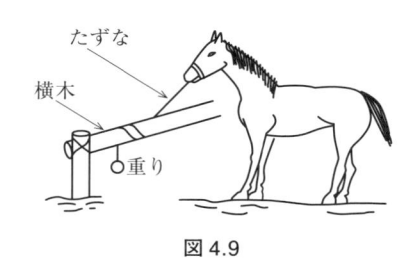

図 4.9

例題 4.8

直径 80 cm の原車が，180 rpm で直径 100 cm の従車をベルト駆動している。張り側の張力 F_1 が 3 000 N，ゆるみ側の張力 F_2 が 1 500 N であるとき，伝達動力を求めよ。

[解答] 有効張力 F_e は，

$$F_e = F_1 - F_2 = 1\,500 \text{ N}$$

伝達動力 P は，式 (4.11②) において，$V = \pi DN/60$ だから，

$$P = F_e V = \frac{F_e \pi DN}{60}$$

$$= \frac{1500 \times 3.14 \times 0.8 \times 180}{60} = 11304 \text{ W} = 11.3 \text{ kW}$$

[別解]　作用トルク $T = (3000 - 1500) \times 0.4 = 600$ N·m

ω を角速度とすると，$T\omega$ は単位時間内の仕事量である動力を表すので，

$$P = T\omega = T \frac{2\pi N}{60} = 600 \frac{2 \times 3.14 \times 180}{60}$$

$$= 11304 \text{ W} = 11.3 \text{ kW}$$

問題 4.10　例題 4.8 において，ベルトの質量が 1 m 当たり 0.2 kg であるとき，遠心張力を求めよ。

例題 4.9

伝達馬力 5 PS，原車の直径 280 mm，従車の直径 400 mm，原車の回転数 300 rpm であるとき，ベルトの速度，従車の回転数，有効張力を求めよ。

[解答]　ベルトの速度 V は，

$$V = \frac{\pi DN}{60} = \frac{3.14 \times 0.28 \times 300}{60} = 4.40 \text{ m/s}$$

従車の回転数 N_2 は，$N_2/N_1 = D_1/D_2$ より，

$$N_2 = N_1 \frac{D_1}{D_2} = 300 \frac{280}{400} = 210 \text{ rpm}$$

ベルトの有効張力 F_e は，式 (4.11③) より，

$$Fe = \frac{75P}{V} = \frac{75 \times 5}{4.40} = 85.2 \text{ kgf} = 836 \text{ N}$$

問題 4.11　伝達馬力 5 PS，原車の直径 320 mm，従車の直径 400 mm，原車の回転数 300 rpm であるとき，有効張力を求めよ。

例題4.10

ベルトの速度が，12 m/s で 8 kW を伝達するベルト伝動装置において，張り側の張力 F_1 がゆるみ側の張力 F_2 の 2 倍であるとき，有効張力 F_e，張り側の張力 F_1 を求めよ．

[解答] 有効張力 F_e は，式 (4.11 ②) より，

$$F_e = \frac{P}{V} = \frac{8\,000}{12} = 667 \text{ N}$$

与題より $F_1 = 2F_2$ だから，

$$F_e = F_1 - F_2 = 2F_2 - F_2 = F_2$$

したがって，

$$F_2 = 667 \text{ N}$$
$$F_1 = 2 \times 667 \text{ N} = 1\,334 \text{ N}$$

[別解] $P\,[\text{kW}] = F_e V/102$ より，

$$F_e = \frac{102P}{V} = \frac{102 \times 8}{12} = 68 \text{ kgf}$$

したがって，

$$F_2 = 68 \text{ kgf} = 667 \text{ N}$$
$$F_1 = 2 \times 68 = 136 \text{ kgf} = 1\,334 \text{ N}$$

問題4.12 ベルトの速度が 12 m/s で 5 PS を伝達するベルト伝動装置において，張り側の張力 F_1 がゆるみ側の張力 F_2 の 2 倍であるとき，有効張力 F_e，張り側の張力 F_1 を求めよ．

4.1.4　ベルトの強度

ベルトは張り側の最大張力に耐えなければならないから，ベルトの許容引張応力 σ は，

$$\sigma = \frac{F_1}{A} \tag{4.12}$$

ここで，F_1 は張り側の張力，A はベルトの断面積である．図 4.10 に示すように，

ベルトの厚みを t [mm]，幅を b [mm] とすれば，$A = bt$ であるので，

$$F_1 = \sigma bt \quad (4.13)$$

ここで，ベルトを継ぎ合わせる場合，ベルトの強度が低くなることを考慮する係数を η とすると，

$$F_1 = \eta \sigma bt \quad (4.14)$$

式 (4.14) は，ベルトの強度 σ が低下しても，ベルトの幅や厚さを大きくして負荷張力に対応することを意味する。

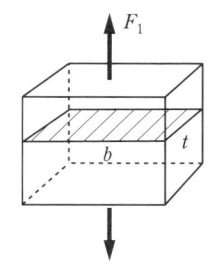

図 4.10 ベルトの強度

例題 4.11

張り側の張力が 1 000 N で厚さ 6 mm の皮ベルトを用いるとき，ベルトの幅を求めよ。ベルトの許容応力を 2 MPa，η を 0.8 とする。

[解答]　$\sigma = 2$ MPa $= 2 \times 10^6$ N/m^2 $= 2$ N/mm^2 である。

式 (4.14) より $b = F_1/(\eta \sigma t) = 1\,000/(0.8 \times 2 \times 6) = 104.2$ mm

なお，ベルトには標準寸法が規定されているので，使用にあたっては計算より求めた値より大きい標準寸法を採用する。

問題 4.13　張り側の張力が 1 300 N で厚さ 6 mm の皮ベルトを用いるとき，ベルトの幅を求めよ。ベルトの許容応力を 2 MPa，η を 0.8 とする。

問題 4.14　1 kgf/mm^2 を Pa (N/m^2) で表せ。

4.1.5 平行でない 2 軸間のベルト伝動

両プーリの中央断面が同一平面内にない場合のベルト伝動は，ベルトの中心がプーリの中央断面と同一面内にあるように配置する。図 4.11 に示す直角の位置にある 2 軸間を伝動するとき，プーリ A より出たベルトはプーリ B の正面に入り，プーリ B より出たベルトはプーリ A の正面に入るようにする。しかし，退去側はプーリの中央断面に対しある角度をなすので，逆回転するときはベルトが外れ

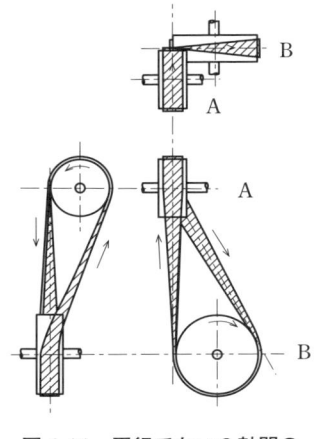

図4.11 平行でない2軸間の
　　　　ベルト伝動

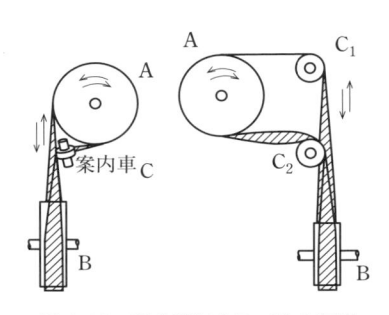

図4.12 案内車によるベルト伝動

てしまう。

　逆回転を可能にするには，退去側もプーリの中央断面にあるようにする。このため，図4.12に示すように**案内車**（guide pulley）を使用する。

4.2 ベルト伝動による変速装置

　一定回転している原軸から従軸の回転数を変化させるベルト伝動による変速装置は，段車を用いる有段変速，円すい車を用いる無段変速に大別される。変速の考え方は，2.5節で述べたが，**ベルトの長さが一定**である条件に注意する。

4.2.1　有段変速

　図4.13において，一対の段車を考え，原車の直径をD_p，従車の直径をd_p，また原軸の回転数をN_p，従軸の回転数をn_pとする。速度比は，

$$\frac{n_p}{N_p}=\frac{D_p}{d_p} \tag{4.15}$$

ここで，原軸の回転数N_p（N_1，N_2，N_3 …）は一定である。

　各段車のベルトの長さが一定である条件を求める。

オープンベルトの場合，式 (4.3) よりベルトの長さ L は，

$$L = \frac{\pi(D_1 + d_1)}{2} + 2C + \frac{(D_1 - d_1)^2}{4C}$$

$$= \frac{\pi(D_2 + d_2)}{2} + 2C + \frac{(D_2 - d_2)^2}{4C}$$

$$= \frac{\pi(D_p + d_p)}{2} + 2C + \frac{(D_p - d_p)^2}{4C}$$

したがって，L が一定となる条件は，

$$\pi(D_1 + d_1) + \frac{(D_1 - d_1)^2}{2C}$$
$$= \pi(D_2 + d_2) + \frac{(D_2 - d_2)^2}{2C}$$
$$= \pi(D_p + d_p) + \frac{(D_p - d_p)^2}{2C} \quad (4.16)$$

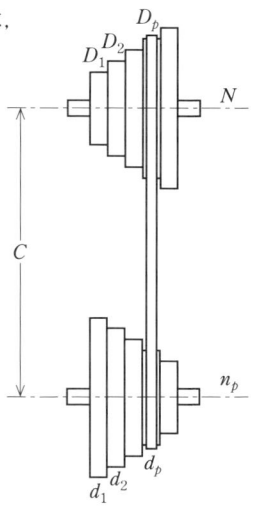

図 4.13　有段変速

一方，クロスベルトの場合，式 (4.4) よりベルトの長さ L は，

$$L = \frac{\pi(D_1 + d_1)}{2} + 2C + \frac{(D_1 + d_1)^2}{4C} = \frac{\pi(D_2 + d_2)}{2} + 2C + \frac{(D_2 + d_2)^2}{4C}$$

$$= \frac{\pi(D_p + d_p)}{2} + 2C + \frac{(D_p + d_p)^2}{4C}$$

したがって，L が一定となる条件は，

$$(D_1 + d_1) = (D_2 + d_2) = (D_p + d_p) \quad (4.17)$$

式 (4.16) と式 (4.17) を比べると明らかなように，L が一定となる条件は，クロスベルトの場合がオープンベルトの場合に比べ単純である。

例題 4.12

クロスベルト伝動による変速装置において，原軸が 100 rpm で回転している。$D_1 = 200$ mm，$n_1 = 500$ rpm，$n_2 = 300$ rpm のとき，d_1，d_2，D_2 を求めよ。軸間距離を 2 m とする。

[解答]　式 (4.15)，式 (4.17) よりプーリの直径が求められる。

$$\frac{n_1}{N_1} = \frac{D_1}{d_1} \text{ より } \frac{500}{100} = \frac{200}{d_1}$$

$$\therefore \ d_1 = 40 \text{ mm}$$

$$\frac{n_2}{N_2} = \frac{D_2}{d_2} \text{ より } \frac{300}{100} = \frac{D_2}{d_2} \quad \text{①}$$

$$D_1 + d_1 = D_2 + d_2 \text{ より } 200 + 40 = D_2 + d_2 \quad \text{②}$$

式①,式②より,D_2, d_2 に関する連立方程式を解くと,

$$d_2 = 60 \text{ mm}, \quad D_2 = 180 \text{ mm}$$

なお,クロスベルト伝動による変速装置におけるプーリの直径は,与題の軸間距離に関係しない。

問題4.15 クロスベルト伝動による変速装置において,原軸が 100 rpm で回転している。$D_1 = 400$ mm,$n_1 = 500$ rpm,$n_2 = 300$ rpm のとき,d_1, d_2, D_2 を求めよ。軸間距離を 2 m とする。

例題4.13

オープンベルト伝動による変速装置において,原軸が 100 rpm で回転している。$D_1 = 200$ mm,$n_1 = 500$ rpm,$n_2 = 300$ rpm のとき,d_1, d_2, D_2 を求めよ。軸間距離を 2 m とする。

[**解答**] 式 (4.15),式 (4.16) よりプーリの直径が求められる。

$$\frac{n_1}{N_1} = \frac{D_1}{d_1} \text{ より } \frac{500}{100} = \frac{200}{d_1}$$

$$\therefore \ d_1 = 40 \text{ mm}$$

$$\frac{n_2}{N_2} = \frac{D_2}{d_2} \text{ より } \frac{300}{100} = \frac{D_2}{d_2} \quad \text{①}$$

$$\pi(D_1 + d_1) + \frac{(D_1 - d_1)^2}{2C} = \pi(D_2 + d_2) + \frac{(D_2 - d_2)^2}{2C} \text{ より},$$

$$\pi(200 + 40) + \frac{(200 - 40)^2}{2 \times 2\,000} = \pi(D_2 + d_2) + \frac{(D_2 - d_2)^2}{2 \times 2\,000} \quad \text{②}$$

式①, 式②より, D_2, d_2 に関する連立方程式を解く。D_2 を消去すると,
$$d_2^2 + 12560\,d_2 - 760000 = 0$$
この d_2 の2次方程式を解くと,
$$d_2 = 60.2 \text{ mm}$$
式①より, $D_2 = 180.6$ mm

問題 4.16 オープンベルト伝動による変速装置において, 原軸が 100 rpm で回転している。$D_1 = 400$ mm, $n_1 = 500$ rpm, $n_2 = 300$ rpm のとき, d_1, d_2, D_2 を求めよ。軸間距離を 2 m とする。

4.2.2 無段変速

図 4.14 (a) に示すように, 同形の円すい車を向きを反対に平行に置く。任意のベルトの位置における円すい車の直径を D, d とすると, 両円すい車の直径の和 $(D+d)$ は一定である。クロスベルトでは式 (4.17) のベルト長さは一定の条件を満足しているので, ベルトを軸方向に移動して無段変速できる。一方, オープンベルトでは式 (4.16) における $(D-d)$ は一定ではない。例えば, 円すい車の中央では $(D-d)=0$ である。したがって, オープンベルトでは, ベルト長さを一定にするために円すい車の中央の直径を大きくした近似円すい車を用いる必要がある。

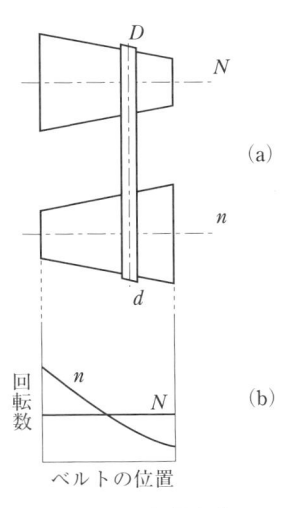

図 4.14 無段変速

問題 4.17 図 4.14 (a) において, クロスベルト伝動で原軸の一定回転数を N としたとき, 従軸の回転数 n の変化を確認せよ。

例題 4.14

自動車における無段変速の実例を確認せよ．

[解答] ベルト伝動による無段変速の一例として，オランダのファンドールヌ（Van Doorne）社の金属ベルト式無段変速機の概要を述べる．この無段変速機（CVT：Continuously Variable Transmission）は，1984年に技術発表が行われ，1987年に実用化（2月富士重工のスバル・ジャスティ，4月フォードのフィエスタ，5月フィアットのウーノ）された．スバル・ジャスティに用いられた無段変速機は ECVT（Electro-Continuously Variable Transmission）と称されている．CVTの構成部品は，図 4.15 (a) に示すように，入力側と出力側のプーリと金属ベルトである．

各プーリは油圧によって自在に幅が変わり，同時に金属ベルトを押さえ，両者の摩擦力によって駆動する変速機構となっている．プーリの幅を広くするとベルトの回転半径が小さくなり，逆にプーリの幅を狭くするとベルトの回転半径が大きくなる．変速比はロー状態で約 2.5，オーバドライブ状態では約 0.5 である．

金属ベルトは図 4.15 (b) に示すように，2本のスチールバンドの間に特殊な形状のコマ（金属製エレメント）を隙間なくつないだものである．耐久性があり，柔軟性も高いため，プーリが小径になった場合にも動力が伝達できる．

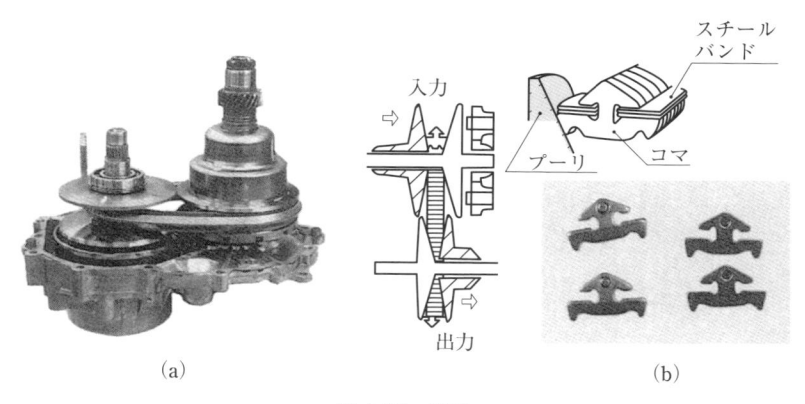

(a) (b)

図 4.15　CVT

問題 4.18 無段変速の使用例を調査せよ。

4.3 Vベルト

Vベルトは，その形状によるくさび作用によって平ベルトに比べて伝達能力が大きく，2軸の中心距離が狭く速度比が大きい場合でもすべりが少ない。Vベルトは，図4.16に示すように，布・ゴム層，強靭なひも・ゴム層，ゴム層およびこれらを覆った外皮で構成されたV字形状の無端環状ベルトである。一般に，V字の角度（台形の側面のなす角度 ϕ）は $40°$ である。表4.1にVベルトのJIS規格を示す。Vベルトを同じ形の溝をもつVプーリに掛けて使用するとき，ベルトの外側は伸び内側は縮むので，ベルト断面の台形は，図4.17に示すように，台形の上辺は狭く底辺は広くなる。角 ϕ の大きさは小さくなるので，Vプーリ溝

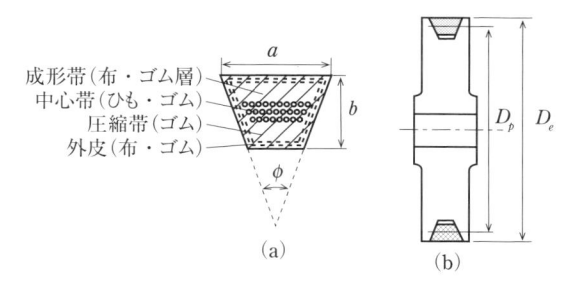

図4.16　VベルトとVプーリ

表4.1　VベルトのJIS規格（$\phi=40°$）（単位：mm）

形別	a	b
M	10.0	5.5
A	12.5	9.0
B	16.5	11.0
C	22.0	14.0
D	31.5	19.0
E	38.0	25.5

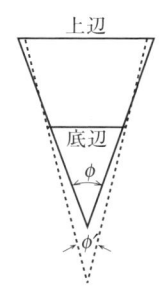

図4.17　Vベルトの変形

の側面のなす角度は36°などと小さくなっている。

Vベルトは V プーリ溝の側面に接触し，その間の摩擦力よって回転を伝動する。V ベルトの摩擦力について考える（2.4 節溝付き摩擦車参照）。図 4.18 において，V ベルトを溝の中に押し付ける力を R，V ベルトが溝の側面から押される力を Q，溝の側面のなす角を 2θ とする。V ベルトと溝の間の摩擦係数を μ とすると，V ベルトが溝に入り込もうとするとき，溝から μQ の摩擦力を受ける。半径方向の力のつり合いから，

$$R = 2(Q \sin \theta + \mu Q \cos \theta)$$

したがって，力 Q は，

$$Q = \frac{R}{2(\sin \theta + \mu \cos \theta)}$$

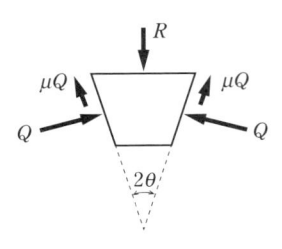

図 4.18　摩擦力

回転力として働く F' は，V プーリの円周方向の摩擦力，すなわち図 4.18 の紙面に直角方向の力で，

$$F' = 2\mu Q = \frac{\mu R}{\sin \theta + \mu \cos \theta} \tag{4.18}$$

平ベルトの摩擦力 F は μR であるので，V ベルトは平ベルトに比べ $1/(\sin \theta + \mu \cos \theta)$ 倍の摩擦力を生じている。このことは，V ベルトの摩擦係数が見掛け上，

$$\mu' = \frac{\mu}{\sin \theta + \mu \cos \theta} \tag{4.19}$$

となったことになる。μ より大きいこの μ' を見掛けの摩擦係数という。

V ベルトの張り側の張力を F_1，ゆるみ側の張力を F_2，巻掛け角度を α とすると，平ベルトの式 (4.8) に対応して，

$$\frac{F_1}{F_2} = e^{\mu' \alpha} \tag{4.20}$$

となる。遠心力を考慮すれば，

$$\frac{F_1 - mV^2}{F_2 - mV^2} = e^{\mu' \alpha} \tag{4.21}$$

ここで，m は V ベルトの単位長さ当たりの質量，V は速度である．

例題 4.15

V ベルトが V プーリに巻き付いたとき，ベルトの外側がプーリの外周に一致し，ベルトの厚さの中央に中立面があるとして速度比を求めよ．

[解答] 図 4.16 において，V プーリの直径を D_p，外径を D_e，ベルトの厚さを b とする．$D_p = D_e - b$ であるので，速度比 i は，

$$i = \frac{N_2}{N_1} = \frac{D_{p1}}{D_{p2}} = \frac{D_{e1} - b}{D_{e2} - b} \tag{4.22}$$

となる．なお，V ベルトの厚さ中央部の長さを**中心周**（**有効周**：pitch length）というが，外周長さで V ベルトの長さを表す場合もある．

例題 4.16

V プーリの溝の角度が 36°，ベルトとプーリの間の摩擦係数が 0.2 であるとき，張り側の張力とゆるみ側の張力の比を求めよ．巻掛け角度を 150°，遠心力を無視する．

[解答] $2\theta = 36°$ であるので，式 (4.19) より，

$$\mu' = \frac{\mu}{\sin\theta + \mu\cos\theta} = \frac{0.2}{\sin 18° + 0.2\cos 18°} = 0.401$$

$$\alpha = 150° = 2.617 \text{ rad}$$

したがって，式 (4.20) より，

$$\frac{F_1}{F_2} = e^{\mu'\alpha} = e^{0.401 \times 2.617} = 2.86$$

問題 4.19

例題 4.16 において，摩擦係数が 0.25 であるとき，張り側の張力とゆるみ側の張力の比を求めよ．

例題 4.17

自動車用 V ベルトの役割を確認せよ。

[解答] 自動車用 V ベルトは，狭いエンジンルームの中で高温にさらされ，絶えず高速，高負荷で加減速され，プーリ径が小さいため湾曲率も大きい状態で使用される。過酷な条件下でウォータポンプ，ファン，コンプレッサ，オルタネータを駆動する役割を果たすには，一般に用いられている工業用ベルトでは問題があり，伝達効率，耐久性が高い自動車用ベルトが必要となる。図 4.19 に自動車における V ベルトの構成模式図を示す。ファンベルトが自動車における V ベルトの代表的な適用例で，クランクシャフトの駆動力をファン，ウォータポンプ，オルタネータに伝える。また，クランクシャフトの駆動力を，エアコンベルトはクーラー用コンプレッサに，パワーステアリングベルトはパワーステアリング用オイルポンプに伝えている。なお，V ベルトは無端環状で長さを調節することができないので，V プーリの 2 軸の位置が調節できないときは**張り車**（tension pulley）を用いて張力を調整する。オルタネータは，従車であると同時にそれ自体が張り車となっている。

問題 4.20

自動車用 V ベルトの規格を調査せよ。

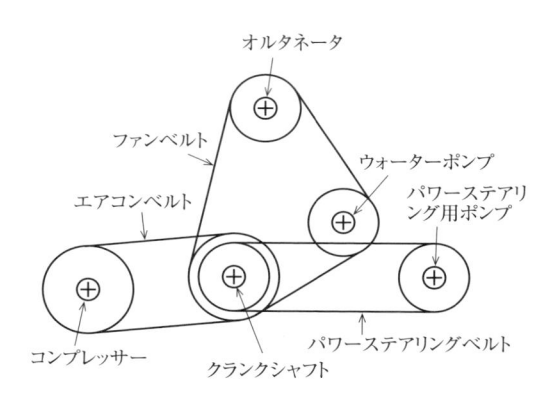

図 4.19　V ベルトの構成

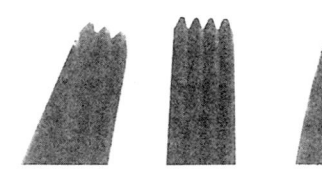

4.4 Vリブドベルト

Vリブドベルト（V ribbed belt）はアメリカで開発されたベルトである。摩擦伝達力を高めるためVリブをもち，ベルトの厚さが薄く屈曲性がよいので寿命が長いことなどの長所を有している。ポリVベルトとも称される形状を図4.20に示す。プーリ側にリブゴムだけを使用してV字溝を多くしたものであり，負荷に応じた幅にしやすい。Vベルトより厚さを薄くできるので，さらにプーリ径が小さいものにも使用することができる。また，背面駆動が可能であり，1本のベルトで多軸駆動ができるので，多くの補機類を駆動することができる。

自動車におけるVリブドベルトの役割は，Vベルトと同じである。最近のエンジンには，Vベルトよりすべりが少ないVリブドベルトが用いられている。表4.2にVリブドベルトの規格例を示す。ファン，パワーステアリングにはVリブドベルトのリブ数が3，エアコンにはリブ数が4のものが一般的に使用されている。

図4.20 Vリブドベルト

表4.2 Vリブドベルトの規格例

（単位：mm）

a	$3.56 \times N^* \pm 0.45$
b	$5.8 \pm 0.5 (4.3 \pm 0.3)$
c	$2.9 (2.0)$
p	3.56 ± 0.05
R	$0 (0.5)$
$\phi [°]$	40 ± 2

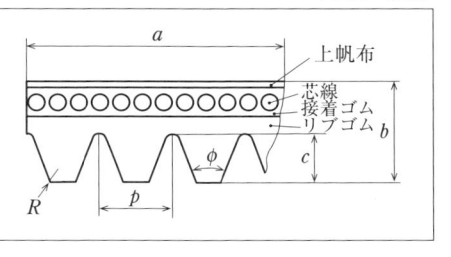

＊： はリブ数を表す

問題4.21　スーパチャージャ（機械駆動式過給機）の駆動ベルトを確認せよ。

4.5 歯付きベルト

歯付きベルト（toothed belt）は，図 4.21 に示すように，平ベルトの内側に一定間隔の低い凸部が付いたベルトで，**コグベルト**（cog belt）とも称される。ゴムを母材にし，伸縮性がないグラスファイバの芯線と耐摩耗性をもつ布によってつくられる。このベルトは，ベルト車表面の凹部にはまり合って駆動力を伝えるので，一定の速度比が得られる。回転中静かで，軽量，潤滑が不要，低コストなどの長所を有している。一方，衝撃に弱く，耐久性，耐水性，耐油性に問題があり，あまり大きな伝達力を伝えることは困難である。

歯付きベルトは，自動車ではカムシャフトを駆動するチェーンの代用となっており，**タイミングベルト**（**同期ベルト**：timing belt）とも呼ばれる。カムシャフトの駆動に要する力は 800 N 程度である。表 4.3 に歯形形状の一例として，台形歯形の規格例を示す。ベルトの長さ L は，ピッチ線で表し，

$$L = pz \tag{4.23}$$

ここで，p は歯ピッチ，z は歯数である。

図 4.21 歯付きベルト

表 4.3 歯形形状の一例

（単位：mm）

p 歯ピッチ	h_s ベルト厚さ	h_t 歯高さ	s 歯元幅	a
9.525	4.10 (4.50)	1.91 (2.29)	4.65 (6.12)	0.686

4.6 チェーン

　チェーン伝動は，歯車の軸間距離が広くなったものと考えればよい。チェーンを巻き付ける車を**スプロケット**（sprocket wheel）という。力の伝達が摩擦によるのでなく，チェーンをスプロケットの歯に引っかけて伝動するので，一定の速度比を得ることができる。また，大きな張力に耐えるので，伝達動力が大きい。しかし，チェーン伝動は振動や騒音が生じやすいので，チェーンの張り加減の適正化と振動防止が重要である。

　ローラチェーン（roller chain）は，図 4.22 に示すように，自由に回転できるローラをはめたブッシュで固定されたローラリンクと，ピンを固定したピンリンクを交互に結合したものである。ピンリンクのピンがローラリンクのブッシュの中に入る。伝達動力が大きいとき，長いピンを用いてチェーンを 2 列，3 列などと多列にする。ローラチェーンを掛けるスプロケットの歯は，ローラが収まるように円弧を組み合わせた形状である。図中に示すように，回転方向の上側を張り側とし，下側をゆるみ側としてチェーンがスプロケットから離れやすくする。ピンの中心間距離をチェーンのピッチという。チェーンが伸びてピッチが変化すると，騒音や振動が生じる。

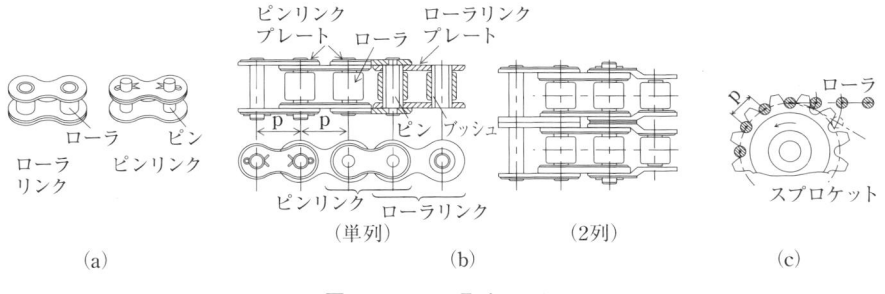

図 4.22　ローラチェーン

　サイレントチェーン（silent chain）は無音くさりと呼ばれ，摩耗してピッチが伸びても騒音を出さない。サイレントチェーンは，図 4.23 に示すように，多数の鋼板製のリンクをピンで連結したもので，内向歯車のような形状をしている。サイレントチェーンを巻き付けるスプロケットの歯形は，直線で構成されている。

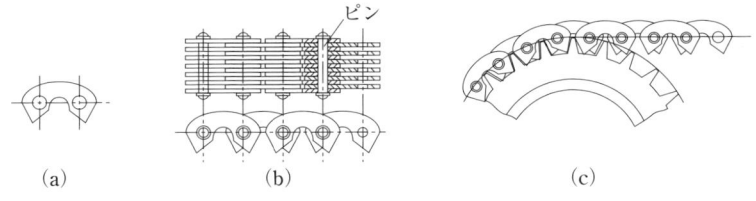

図4.23 サイレントチェーン

リンクはスプロケットに斜めにすべり込み，リンクの両側斜面が歯に密着してかみ合うので，衝撃が少なく音も静かである．

例題 4.18

ローラチェーンの速度を確認せよ．

[解答] チェーンの平均速度 V_m〔m/s〕は，

$$V_m = \frac{pzN}{60} \tag{4.24}$$

ここで，p はチェーンのピッチ〔m〕，z はスプロケットの歯数，N は回転数〔rpm〕である．チェーンがスプロケットに巻き付いた状態は多角形であるので，チェーンの速度は一定でない．図 4.24 に示すスプロケットにおいて，チェーンのピンの中心を通る円（ピッチ円）の直径を D_p とする．スプロケットの中心を O，ピンの中心を A と C，O から AC に引いた垂線の足を B，∠AOC を α〔rad〕とすると，

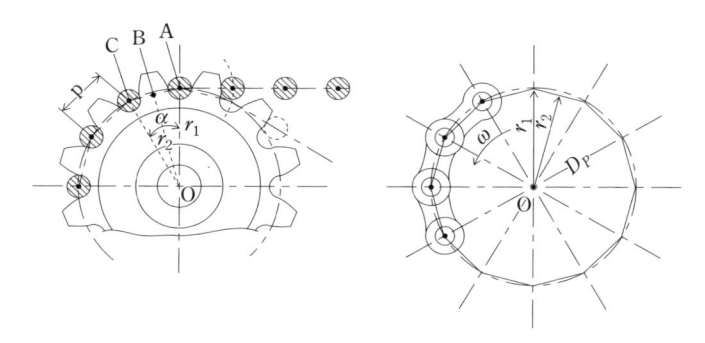

図 4.24 ローラチェーンの速度

$$\alpha = \frac{2\pi}{z}$$

$$\mathrm{OA} = \frac{\mathrm{AB}}{\sin\frac{\alpha}{2}} = \frac{\frac{p}{2}}{\sin\frac{\pi}{z}}$$

したがって，ピッチ円の直径 D_p は，

$$D_p = 2\mathrm{OA} = \frac{p}{\sin\frac{\pi}{z}} \tag{4.25}$$

スプロケットの中心 O からチェーンまでの最大距離 r_1，最小距離 r_2 は，

$$r_1 = \mathrm{OA} = \frac{D_p}{2}$$

$$r_2 = \mathrm{OA}\cos\frac{\alpha}{2} = \frac{D_p \cos\frac{\pi}{z}}{2}$$

したがって，スプロケットの角速度を ω とすると，チェーンの最大速度 V_1，最小速度 V_2 は，

$$V_1 = r_1 \omega = \frac{D_p \omega}{2}$$

$$V_2 = r_2 \omega = \frac{D_p \omega \cos\frac{\pi}{z}}{2} = V_1 \cos\frac{\pi}{z} \tag{4.26}$$

問題 4.22 ローラチェーンのピッチ $p = 6.35$ mm，スプロケットの歯数 $z = 30$，回転数 $N = 1\,800$ prm のとき，チェーンの平均速度 V_m，最大速度 V_1，最小速度 V_2 を求めよ。

例題 4.19

自動車のカムシャフト駆動にはチェーン駆動方式とベルト駆動方式がある。両方式の特徴を確認せよ。

[解答] 両方式ともクランクシャフトの回転をカムシャフトに伝えるのに使用される。チェーン駆動方式は，図 4.25 に示すように，クランクシャフトのフライホイールと反対側にある駆動スプロケットと，カムシャフトに設けられた被駆動スプロケットをチェーン（タイミングチェーン）でつなぐ。ベルト駆動方式が採用されるまですべてチェーン駆動方式であった。ベルト駆動方式と違い通常無交換で使用できるが，潤滑の必要があり，伸びに対する**テンショナ**（**張り調整機構**：tensioner）を必要とする。また，駆動音が大きいため騒音対策を必要とする。

ベルト駆動方式は歯付きベルトを使用するものである。この方式は 1970 年ごろに実用化された。機能的にはチェーン駆動方式と同じである。駆動を確実にするために，タイミングプーリの円周上をチェーンの場合より長く接触（巻掛け角度 150°以上）させるので，レイアウトの制約を受ける。潤滑の必要がなく駆動音も小さいが，ベルトが長くなる場合には張力の調整が必要である。ベルトが切れたり，歯が欠けるとエンジンが致命的な故障になる場合があるので，取扱いに注意を要する。耐久性を考え，一般的に走行距離が 10 万 km で交換される。

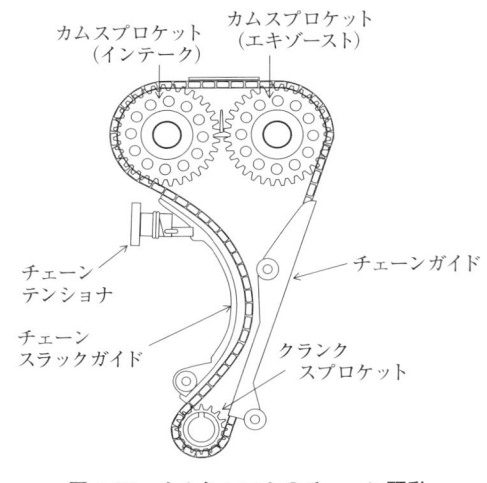

図 4.25 カムシャフトのチェーン駆動

> **問題 4.23** カムシャフト駆動に歯車が利用されている場合がある．実例を調査せよ．

4.7 ロープ

ロープは，ベルトでは伝動できないような遠距離に動力を伝達するときに用いられる．ロープを掛ける車を**ロープ車**（rope pulley）という．ロープは繊維ロープとワイヤロープの2種類に分類される．図4.26(a)，(b)に示すように，各ロープの断面にはいろいろなものがあるが，ロープの太さは外接円の直径で表す．

繊維ロープは，一般に木綿，麻の繊維を右よりにして**ストランド**（子なわ：strand）をつくり，3本または4本のストランドを左よりにして1本のロープにする．ワイヤロープは，数本の軟鋼針金をより合わせてストランドをつくり，6本のストランドを麻ロープを芯にしてより合わせて1本のロープにする．ワイヤロープは，繊維ロープに比べ強く，同じ重量で約3倍の荷重に耐える．

> **問題 4.24** ワイヤロープの使用例を確認せよ．

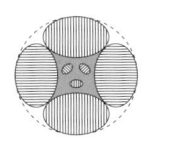

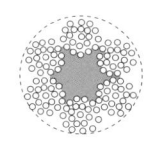

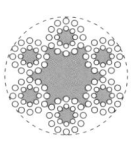

(a) 繊維ロープ　　　　　　　(b) ワイヤロープ

図 4.26　ロープ

演習問題

❶ 一対のベルト車で原車の直径 300 mm, 従車の直径 400 mm, 原車が毎分 200 回転, 伝達動力は 5 kW である. 従車の回転数, ベルトの速度, 有効張力を求めよ.

❷ 一対のベルト車で原車の直径 300 mm, 従車の直径 400 mm, 原車が毎分 200 回転, 伝達動力は 5 PS である. 有効張力を求めよ.

❸ 図 4.13 に示したクロスベルト伝動による変速装置において, 原軸が 100 rpm で回転している. $D_1 = 450$ mm, $n_1 = 300$ rpm, $n_2 = 200$ rpm のとき, d_1, d_2, D_2 を求めよ.

❹ 図 4.13 に示したクロスベルト伝動による変速装置において, 原軸が 100 rpm で回転している. $D_1 = 500$ mm, $n_1 = 500$ rpm, $n_2 = 300$ rpm, $n_3 = 150$ rpm のとき, d_1, d_2, d_3, D_2, D_3 を求めよ.

❺ 自動車用ベルトを確認せよ.

❻ オープンベルトにおいて, 原車の直径が D, 従車の直径が d, ベルトの長さが L であるとき, 軸間距離 C を求めよ.

❼ ローラチェーンのピッチ $p = 25.4$ mm, スプロケットの歯数 $z = 30$, 回転数 $N = 500$ rpm のとき, チェーンの平均速度 V_m, 最大速度 V_1, 最小速度 V_2 を求めよ.

第5章 リンク装置

機素が互いに対偶をなして次々とつながり，その最後の機素が最初の機素と対偶をなすように環状につながったものを**連鎖**（chain）といい，個々の機素を**リンク**（**節**：link）という。すなわち，機械の構成要素を個々に考えるときは機素と呼び，連鎖の一員と考えるときはリンクと呼ぶ。リンクを回転対偶，またはすべり対偶をするように組み合わせた機構をリンク装置という。自動車では，ピストンとクランクの機構がリンク装置の代表例である。

5.1 連鎖と機構

リンク装置の運動を理解するため，細長い剛体棒の連鎖を考える。図 5.1 (a) 〜 (c) に示すように，リンクの運動は次の 3 つの連鎖に大別される。

① **固定連鎖**（locked chain）：図 5.1 (a) に示した 3 つのリンクの組合わせでは，各リンクは相対運動をすることができない。

② **不限定連鎖**（unconstrained chain）：図 5.1 (b) に示した 5 つのリンク組合わせでは，各リンクは相対運動はするが，運動が限定されない。すなわち，1 つのリンクに運動を与えたとき，残りのリンクは 2 とおり以上の運動をする。限定された運動ではないので，機構としては利用できない。

③ **限定連鎖**（constrained chain）：図 5.1 (c) に示した 4 つのリンクの組合わせ

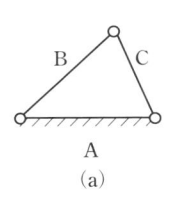

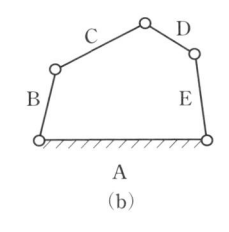

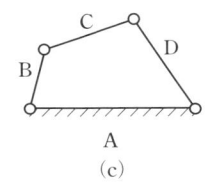

図 5.1　連鎖

では，各リンクは相対運動ができ，運動が限定されるので機構として利用できる．その内容を 5.2 〜 5.4 節で述べる．

例題 5.1

図 5.1 (b) において，リンクの運動が限定されないことを作図によって確認せよ．

[解答] 作図結果の一例を図 5.2 に示す．リンク C の動きに対してリンク D，E が 2 とおり以上の動きが可能であり，運動が限定されないことがわかる．

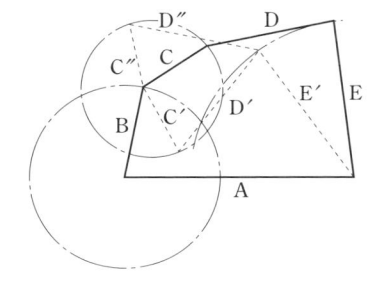

図 5.2　不限定連鎖

5.2　4 つの回り対偶よりなる機構

4 つのリンクが，すべて回り対偶によって連鎖されている機構である．**4 節回転連鎖**ともいい，リンク装置の基本的機構である．この機構は，4 つのリンクのどのリンクを固定するかにより，図 5.3 (a) 〜 (d) に示すように 4 種類に分かれる．しかし，図 (a) と (b) は同じものであるので，3 種類の機構に大別される．各機構を**てこクランク機構**，**両てこ機構**，**両クランク機構**という．このように 1 つの連鎖の中で固定するリンクを換えると別の機構が生じる．これを**連鎖の置き換え**という．なお，**てこ**（レバー：lever）は固定節の一点を中心として揺動（往復角運動）する節，**クランク**（crank）は固定節の一点の回りを回転運動する節，**連接棒**（connecting rod）は原節と従節を結ぶ節をいう．

5.2.1　てこクランク機構

図 5.3 (a)，(b) に示すように，最短リンク B と対偶をなすリンク A または C を固定したときにできる機構で，リンク B を回転すると D は揺動運動する．図 5.4 において，てこの揺動運動の両端 P_1, P_2 では，てこ C にどんな大きな力が働

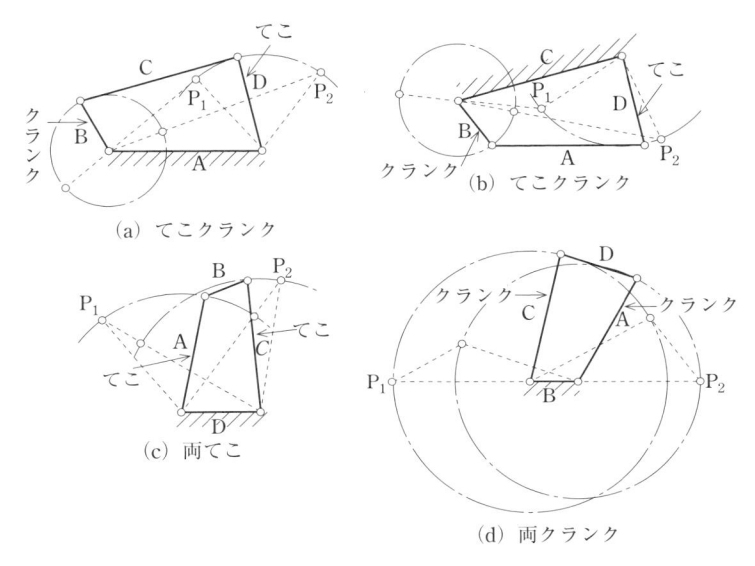

図 5.3　4つの回り対偶

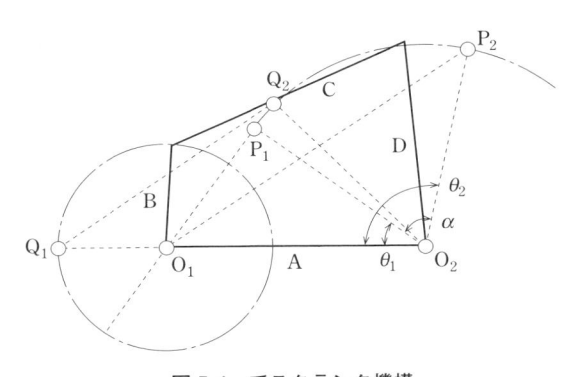

図 5.4　てこクランク機構

いていても P_1 から反時計方向には動かず，P_2 から時計方向には動かない．このように，大きな力が作用しても運動を起こすことが不可能な点 P_1, P_2 を**死点**（dead point）という．点 P_1, P_2 において，クランクは時計方向または反時計方向のどちらにも回転できる．このように，限定運動の中間で不限定な状態を生じる点 P_1, P_2 を**思案点**（change point）という．死点と思案点は，内容は異なるが

同一の点である場合が多い。

てこクランク機構が成立する条件は，三角形において二辺の長さの和は他の一辺より大きいことから求められる。すなわち，A, B, C, D をリンクと同時にリンクの長さを表すとすると，図 5.4 の $\triangle O_1P_1O_2$ において $(C-B)+D>A$，$(C-B)+A>D$，$\triangle O_1P_2O_2$ において $B+C<A+D$，$\triangle Q_1Q_2O_2$ において $B+A<C+D$ となる。極限の場合は等号が入るので，等号を入れて式を整理すると，

$$\left.\begin{aligned} B+A &\leqq C+D \\ B+C &\leqq A+D \\ B+D &\leqq A+C \end{aligned}\right\} \quad (5.1)$$

式 (5.1) は，**グラスホフ（Grashof）の定理**といわれるもので，最短節であるクランク B と他の一節の長さの和が他の二節の長さの和以下であることを示す。この条件は，各リンクの相対運動の条件を示しているので，5.2.2 項の両てこ機構，5.2.3 項の両クランク機構においても成立する。

問題 5.1 図 5.3(a) において，$A=C=500$ mm，$B=200$ mm，$D=400$ mm であるとき，てこの死点を作図によって確認せよ。

例題 5.2

図 5.4 において，$A=500$ mm，$B=200$ mm，$C=500$ mm，$D=400$ mm であるとき，てこの揺動する角度 α を求めよ。

[解答] 図 5.4 において，てこの揺動する角度 α は，
$$\alpha = \theta_2 - \theta_1$$
$\triangle O_2P_2O_1$ において，余弦定理より，
$$700^2 = 400^2 + 500^2 - 2 \times 400 \times 500 \cos \theta_2$$
$$\cos \theta_2 = -0.2$$
$$\therefore \quad \theta_2 = 101.54°$$
$\triangle O_2P_1O_1$ において，余弦定理より，
$$300^2 = 400^2 + 500^2 - 2 \times 400 \times 500 \cos \theta_1$$
$$\cos \theta_1 = 0.8$$

$$\therefore \quad \theta_1 = 36.87°$$

したがって，

$$\alpha = \theta_2 - \theta_1 = 64.67° \ (64°40')$$

問題 5.2 図 5.4 において，A = 30 mm，B = 100 mm，C = 250 mm，D = 200 mm であるとき，てこの揺動する角度を求めよ．

例題 5.3

てこクランク機構において，クランク 200 mm，てこ 400 mm，連接棒 500 mm のとき，固定リンクの長さの条件を求めよ．

[解答]　式 (5.1) に B = 200，C = 500，D = 400 を代入して不等式を解くと，固定リンク A の長さは 300 〜 700 mm となる．

問題 5.3 てこクランク機構において，クランク 200 mm，てこ 300 mm，連接棒 400 mm のとき，固定リンクの長さの条件を求めよ．

5.2.2　両てこ機構

図 5.3 (c) に示すように，図 5.3 (a) における最短節 B に向かい合うリンク D を固定したときにできる機構で，2 つのリンク A，C はてことして揺動する．図

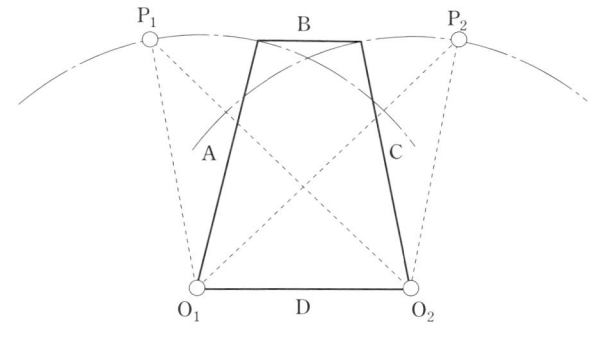

図 5.5　両てこ機構

5.2　4 つの回り対偶よりなる機構

5.5 に示すように，連接棒 B が A または C の延長線上にきて三角形をつくるときに死点となる．三角形の三辺の関係から，$\triangle O_1P_1O_2$，$\triangle O_1P_2O_2$ を考えると，

$$\left.\begin{array}{l} B+C<A+D \\ A+B<C+D \end{array}\right\} \quad (5.2)$$

問題 5.4 図 5.3 (c) において，$A = C = 500$ mm，$B = 200$ mm，$D = 400$ mm であるとき，てこの死点を作図によって確認せよ．

例題 5.4

自動車のステアリング操作機構に応用されている両てこ機構を確認せよ．

[解答] 図 5.6 において，てこ A と C は等しく，B は D よりも短い．実線で示した B と D が平行である位置において，てこ A を α_1 だけ右に回すと，てこ C は β_1 だけ右に回り，破線の位置となり，常に $\alpha_1 > \beta_1$ となる．また，逆に A を α_2 だけ左に回すと，C は β_2 だけ左に回り，常に $\alpha_2 < \beta_2$ となる．この両てこ機構の性質が，自動車のステアリング操作機構である**アッカーマン・ジャント方式**（Ackermann Jeantaud steerring）に用いられている．すなわち，図 5.7 に示すように，直進状態のとき，てこ A と C の延長線が後軸の中心で交わっている．ステアリング操作時，図示のように，前輪の内側ホイールの切れ角が外側ホイールよりも大きくなり，2 つの前輪の中心線の延長線が後軸の延長線上で交わるため，前輪と後輪の 4 輪は同一の点を中心として旋回できるようになる．

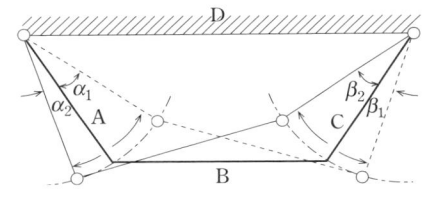

図 5.6 両てこ機構

問題 5.5 図 5.7 において，**フロントトレッド**（輪距：tread）T_f，**ホイールベース**（軸距：wheelbase）L，内側ホイールの切れ角 α，外側ホイールの切れ角 β の関係を求めよ．

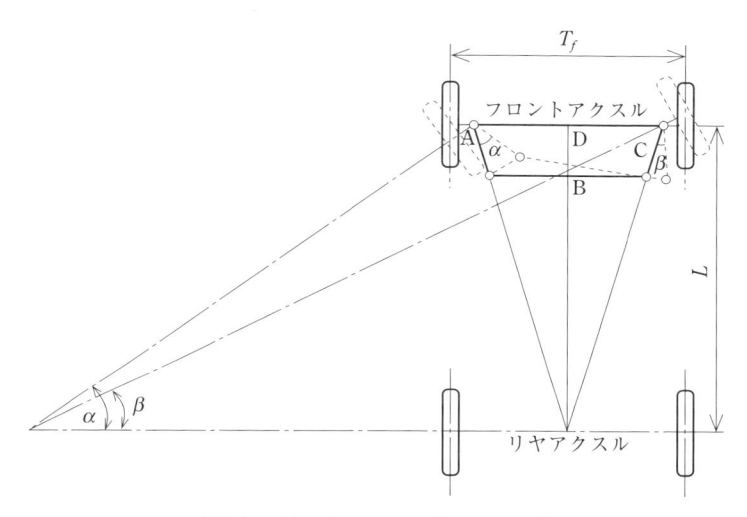

図5.7 アッカーマン・ジャント方式

5.2.3 両クランク機構

図5.3(d)に示すように,図5.3(a)における最短リンクBを固定したときにできる機構で,2つのリンクA,Cはクランクとして回転する。図5.8に示すように,BとAまたはBとCが,一直線となる三角形△$O_2Q_3Q_1$,△$O_1Q_4Q_2$を考える。各リンクの長さの関係は,

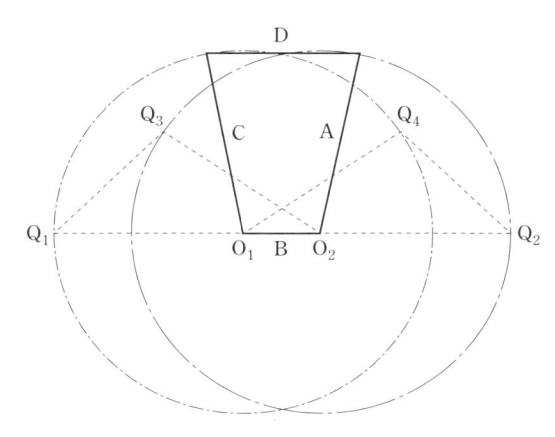

図5.8 両クランク機構

5.2 4つの回り対偶よりなる機構

$$\left. \begin{array}{l} A+D>B+C \\ C+D>B+A \end{array} \right\} \quad (5.3)$$

　図 5.9 に両クランク機構を送風機に応用した模式図を示す。O_1 は円筒ケースの中心で，偏心の位置にある O_2 はロータの回転軸である。A, C がクランクで，A は等速回転するが，C の 1 回転中の速度は変化する。ロータと円筒ケースの間を仕切る平板 D によりロータが時計方向に回転すると，空気を右から吸い込んで左へ吐き出す。

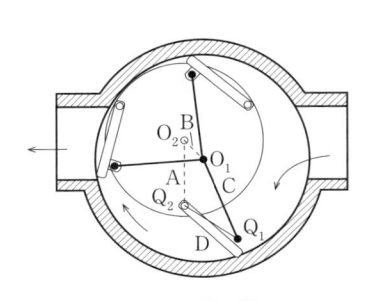

図 5.9　送風機

問題 5.6 図 5.3 (d) において，$A = C = 500$ mm, $B = 200$ mm, $D = 400$ mm であるとき，リンクの動きを作図によって確認せよ。

5.3　3 つの回り対偶と 1 つのすべり対偶よりなる機構

　この機構は**スライダクランク機構**というもので，**スライダ**（slider）は直線または曲線のガイドに沿ってすべる節をいう。図 5.3 (a) を変形して，図 5.10 に示すように D の揺動運動の線に沿って溝をつくり，D をスライダとしても，D はリンクとまったく同じ運動をする。D のリンクが無限大になったとすれば，D の円弧の運動は直線となり，図 5.11 (a) に示すような機構となる。この機構をスライダクランク機構という。

　図 5.11 において，(a) は (b) に示すような連鎖で表せる。また，R は回り対偶，S はすべり対偶を表すとして，(c) のように，記号的に連鎖を示すことができる。1 つの連鎖のなかで固定するリンクを換えると別の機構が生じる。すなわち，スライダクランク機構は固定するリンクによって次の 4 つに大別される。

　① 往復スライダクランク機構

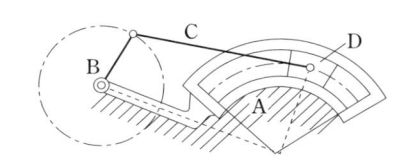

図 5.10　てこクランク機構の変形

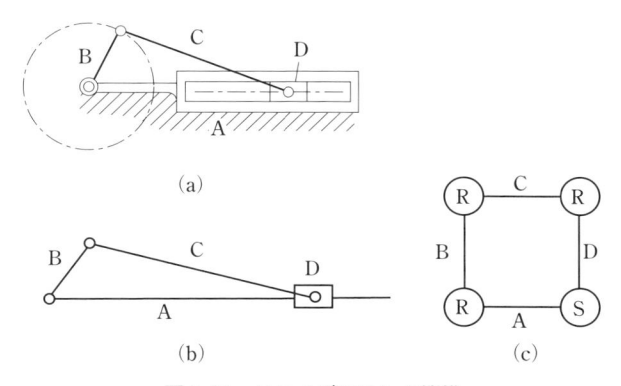

図 5.11 スライダクランク機構

② 揺動スライダクランク機構
③ 回りスライダクランク機構
④ 固定スライダクランク機構

5.3.1 往復スライダクランク機構

図 5.11 (a) に示すように，リンク A を固定したときにできる機構である．リンク B の回転によりスライダ D は移動する．図中の溝をシリンダ，スライダ D をピストンとみて，往復スライダクランク機構を**ピストンクランク機構**ともいう．

クランクが一定回転しているとき，ピストンの動きを作図と計算によって求める．

(1) ピストン速度の作図

図 5.12 において，クランク OC が O を中心に回転している．クランク速度を V_C，ピストン速度を V_P とする．瞬間中心 O′ における角速度を ω' とすると，

$$V_C = O'C \, \omega'$$
$$V_P = O'P \, \omega'$$
$$\therefore \quad V_P = V_C \frac{O'P}{O'C} \qquad \qquad ①$$

式①は，O′P, O′C をクランク角 θ を変えながら求めれば，V_P がわかることを

5.3 3つの回り対偶と1つのすべり対偶よりなる機構

意味する.しかし,O′P,O′Cの長さを求めることは面倒なので,図中の連接棒CPの延長線がクランク円の中心線と交わる点Qを利用する.△CQOと△CPO′は相似なので,対応する辺の比は等しい.すなわち,

$$\frac{\text{O}'\text{P}}{\text{O}'\text{C}} = \frac{\text{OQ}}{\text{OC}}$$

したがって,式①より,

$$V_P = V_C \frac{\text{OQ}}{\text{OC}} \qquad ②$$

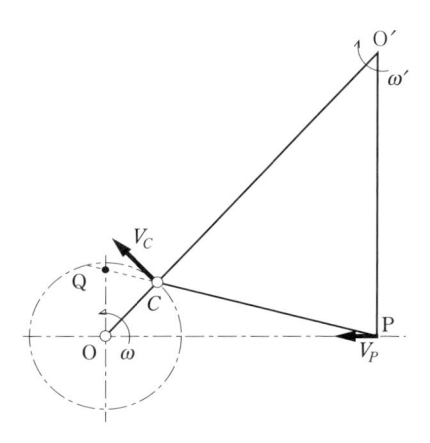

図5.12 クランク速度とピストン速度

式②は,クランクOCの長さは一定であるので,OQの長さをクランク角θを変えながら求めれば,V_Pがわかることを意味する.

さらに,簡単にV_Pを作図によって求める方法は,図5.13に示すように,V_Cの大きさをある長さで表示する.表示した長さを,CO′上に定めた点C′から連接棒CPに平行線を引き,O′Pと交わる点P′を求めると,

$$\frac{\text{O}'\text{P}}{\text{O}'\text{C}} = \frac{\text{P}'\text{P}}{\text{C}'\text{C}}$$

したがって,式①より,

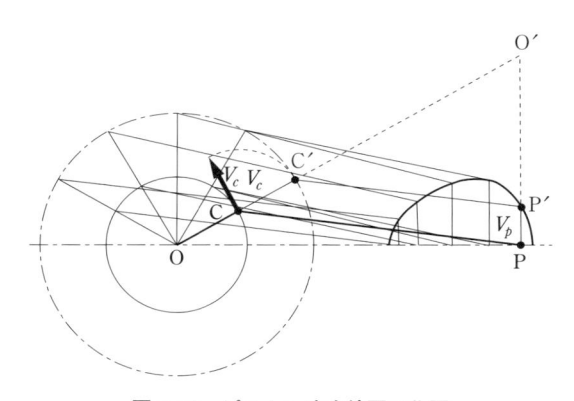

図5.13 ピストン速度線図の作図

$$V_P = V_C \frac{\text{P}'\text{P}}{\text{C}'\text{C}} \qquad ③$$

ここで，C'Cの長さがV_Cの大きさであるので，P'Pの長さがピストン速度V_Pの大きさを表す．V_Cを一定と考えているので，C'の点はクランクが描く円と同心円上にある．したがって，クランク角θを変えてC'を定め，連接棒CPに平行線を引き，O'Pと交わる点P'を順次求めればV_Pがわかる．求めたP'の軌跡，すなわちV_Pの大きさを長さで表した形が，図5.13に示されている．

(2) ピストン速度の計算

図5.14において，rはクランク長さ（クランク半径），θはクランク角，O_1，O_2はピストンの死点，lは連接棒の長さ，ϕは連接棒の傾き角，$n = l/r$でnは連接棒とクランク長さの比，xはピストンの死点O_1からの変位である．

ピストンの**行程**（**ストローク**）Sは，

$$S = \text{O}_1\text{O}_2 = \text{OO}_1 - \text{OO}_2 = (l+r) - (l-r) = 2r \qquad (5.4)$$

ピストンの死点O_1からの変位xは，

$$x = r + l - r\cos\theta - l\cos\phi = r(1 - \cos\theta) + l(1 - \cos\phi) \qquad ①$$

式①をϕが含まれない形で表す．$l\sin\phi = r\sin\theta$であるので，

$$\sin\phi = \frac{r}{l}\sin\theta = \frac{\sin\theta}{n} \qquad ②$$

また，二項定理（4.2節参照）を利用すると，

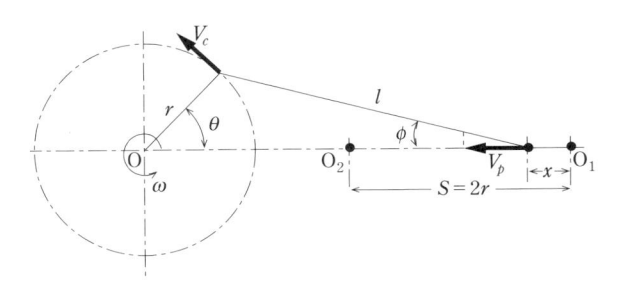

図5.14 ピストン速度の計算

$$\cos\phi = \sqrt{1-\sin^2\phi} = \sqrt{1-\left(\frac{\sin\theta}{n}\right)^2} = 1-\frac{\sin^2\theta}{2n^2}-\frac{\sin^4\theta}{8n^4} = 1-\frac{\sin^2\theta}{2n^2} \quad ③$$

式②,式③を式①に代入すると,

$$x = r(1-\cos\theta) + \frac{l\sin^2\theta}{2n^2} = r(1-\cos\theta) + \frac{r\sin^2\theta}{2n} \tag{5.5}$$

ピストン速度 V_P は,式 (5.5) より,

$$V_P = \frac{dx}{dt} = \frac{dx}{d\theta}\cdot\frac{d\theta}{dt} = \frac{dx}{d\theta}\cdot\omega = r\sin\theta\cdot\omega + \left(\frac{r\cdot 2\sin\theta\cos\theta}{2n}\right)\omega$$

$$= r\omega\left(\sin\theta + \frac{\sin 2\theta}{2n}\right) \tag{5.6}$$

例題 5.5

図 5.14 に示した両死点におけるピストンの速度と加速度を求めよ。

[解答] ピストン速度 V_P は,式 (5.6) に $\theta = 0°$ または $180°$ を代入すると,$V_P = 0$ となる。加速度 a は,式 (5.6) より,

$$a = \frac{dV}{dt} = \frac{dV}{d\theta}\cdot\frac{d\theta}{dt} = \frac{dV}{d\theta}\cdot\omega = r\omega^2\left(\cos\theta + \frac{\cos 2\theta}{n}\right) \tag{5.7}$$

ここで,$\theta = 0°$ または $180°$ を代入すると,

$$a = r\omega^2\left(\pm 1 + \frac{1}{n}\right)$$

式中の正号は死点 O_1,負号は死点 O_2 における値である。

例題 5.6

長さ 40 mm のクランクが 1 800 rpm で回転しているとき,ピストンの平均速度を求めよ。

[解答] 式 (5.4) より,行程 S は,

$$S = 2r = 2 \times 0.04 = 0.08 \text{ m}$$

クランクが 1 回転すると,ピストンは 1 往復するので移動距離は $2S$ である。したがって,ピストンの平均速度 V_m は,

$$V_m = \frac{2SN}{60} = \frac{2 \times 0.08 \times 1800}{60} = 4.8 \text{ m/s}$$

問題 5.7 エンジンの回転速度が 1 800 rpm，行程が 100 mm であるとき，ピストンの平均速度を求めよ．

例題 5.7

長さ 40 mm のクランクが毎分 1 800 回転し，連接棒の長さが 200 mm であるとき，ピストン速度線図を描け．

[解答] クランク速度 V_C は，

$$V_C = r\omega = \frac{r(2\pi N)}{60} = \frac{(0.04)(2 \times 3.14 \times 1800)}{60} = 7.54 \text{ m/s}$$

$$n = \frac{l}{r} = \frac{200}{40} = 5$$

式 (5.6) より V_P と θ の関係を求め，図示した結果を図 5.15 に示す．与題において V_P の最大値は，$dV_P/d\theta = 0$ より θ が約 79°のときに生じる．

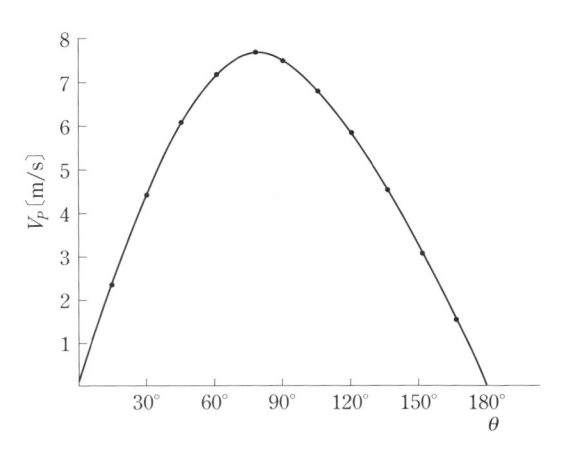

図 5.15　ピストン速度線図

すなわち，式(5.7)より，

$$\cos\theta + \frac{\cos 2\theta}{n} = \cos\theta + \frac{2\cos^2\theta - 1}{n} = 0$$

$$\therefore\ 2\cos^2\theta + n\cos\theta - 1 = 0$$

この$\cos\theta$に関する2次方程式を解くと，

$$\cos\theta = \frac{-n + \sqrt{n^2 + 8}}{4} = \frac{-5 + \sqrt{5^2 + 8}}{4} = 0.1861$$

$$\therefore\ \theta = 79.27°\ (79°\ 16')$$

したがって，式(5.6)よりピストン速度の最大値は7.68 m/sとなる。

問題 5.8 長さ50 mmのクランクが1 800 rpmで回転している。連接棒の長さを150 mmとして，クランク角が60°のときのピストン速度を求めよ。

問題 5.9 エンジンが1 800 rpmで回転している。行程が100 mm，連接棒の長さが150 mmであるとき，ピストンの最高速度を求めよ。

5.3.2 揺動スライダクランク機構

図5.16に示すように，リンクCを固定したときにできる機構で，クランクBの回転によりスライダAはリンクDの溝を移動し，Dを揺動させる。クランクがO_1からO_2まで回転する角$2\alpha_1$は，クランクがO_2からO_1まで回転する角$2\alpha_2$よりも大きい。したがって，Aが左から右に移動する時間t_1は，右から左に移動する時間t_2より長いので，行きと戻りの速度が異なる。このように，行きと戻りの速度が異なる機構を**早戻り機構**（quick return mechanism）という。

例題 5.8

図5.16において，B = 20 cm，C = 40 cmのとき，往復時間比t_1/t_2を求めよ。

[解答] 固定リンクの長さをC，クランクの長さをBとすれば，

$$\cos \alpha_2 = \frac{B}{C} = \frac{20}{40} = 0.5$$

$$\therefore \quad \alpha_2 = 60°$$

$$\alpha_1 = \frac{360° - 2\alpha_2}{2} = 120°$$

時間 t は角度 α に比例するので,時間の比は,

$$\frac{t_1}{t_2} = \frac{\alpha_1}{\alpha_2} = \frac{120}{60} = 2$$

問題 5.10 図 5.16 において, $t_1/t_2 = 6/5$, $C = 50$ cm のとき B を求めよ。

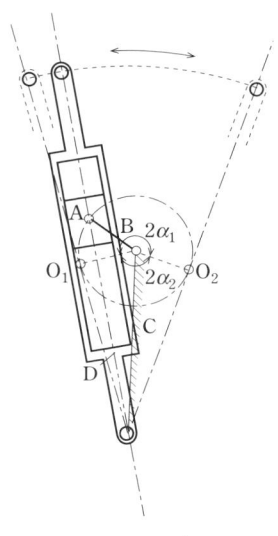

図 5.16 揺動スライダクランク機構

5.3.3 回りスライダクランク機構

図 5.17 (a) に示すように,リンク B を固定した機構である。クランク C を回転させ,スライダ D をリンク A の溝に沿ってすべらせる。リンク C, A はクラン

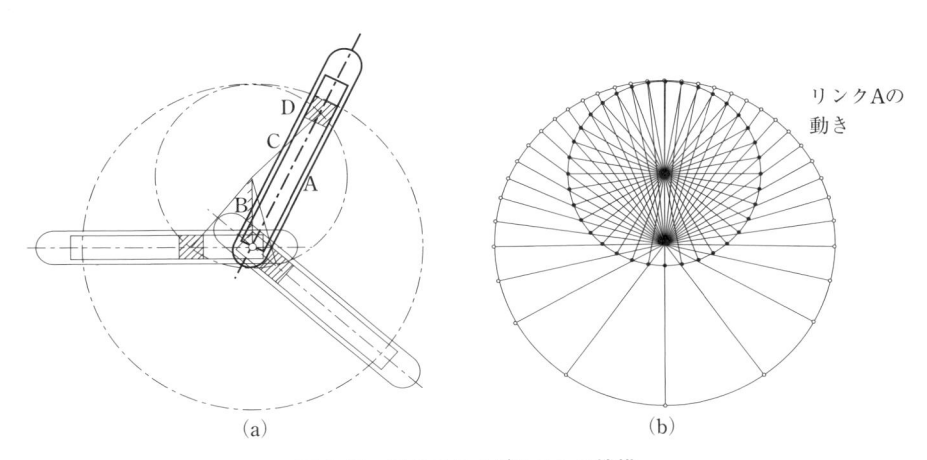

(a)   (b)

図 5.17 回りスライダクランク機構

リンク A の動き

5.3 3つの回り対偶と1つのすべり対偶よりなる機構

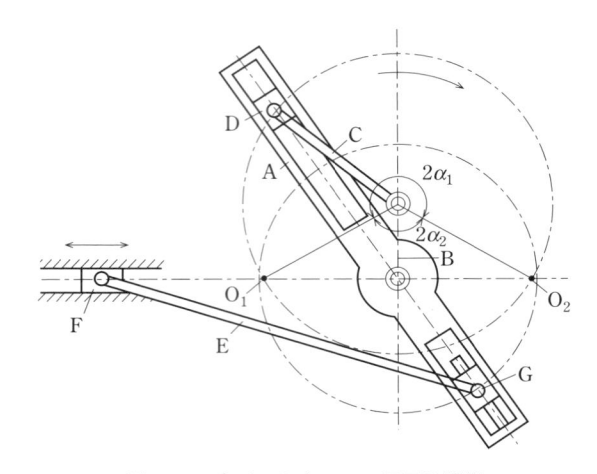

図 5.18　ウイットウォース早戻り機構

クとなり，スライダ D も回転運動する。

　図 5.18 は図 5.17(a) に示す A を延長し，その一端 G にリンク E を付け，F が往復直線運動するようにした機構である。この機構を**ウィットウォース早戻り機構**（Whitworth's quick return mechanism）という。クランク C が O_1，O_2 の位置にきたとき，A は水平となり F は左右の両極端にくる。クランク C が O_1 から O_2 まで回転する角 $2\alpha_1$ は，クランクが O_2 から O_1 まで回転する角 $2\alpha_2$ よりも大きい。したがって，F が右から左に移動する時間 t_1 は，左から右に移動する時間 t_2 より長いので，行きと戻りの速度が異なる。

問題 5.11　図 5.17(a) において，リンク C が一定回転しているとき，リンク A の動きを確認せよ。

5.3.4　固定スライダクランク機構

　図 5.19 に示すように，スライダ D を固定した機構である。リンク A は往復直線運動，リンク B は回転運動，リンク C は揺動する。

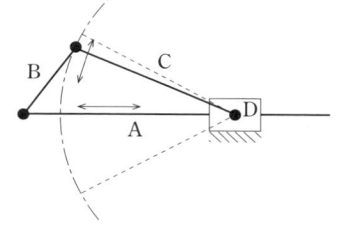

図 5.19　固定スライダクランク機構

5.4 2つの回り対偶と2つのすべり対偶よりなる機構

　この機構は1つのリンクが2つのすべり対偶を有するもので，両スライダクランク機構という。図5.20に示すように，Rは回り対偶，Sはすべり対偶を表すとすれば，1つのリンク（B）が2個の回り対偶，1つのリンク（D）が2個のすべり対偶，他の2つのリンク（A，C）がそれぞれ1個の回り対偶と1個のすべり対偶を有する。この連鎖のなかで固定するリンクを換えると別の機構が生じるが，リンクAの固定とリンクCの固定は同じものである。
したがって，両スライダクランク機構は固定するリンクによって次の3つに大別される。

　①往復両スライダクランク機構
　②固定両スライダクランク機構
　③回り両スライダクランク機構

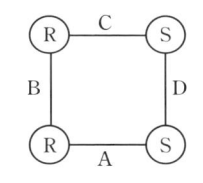

図5.20　両スライダクランク機構

5.4.1　往復両スライダクランク機構

　リンクAまたはCを固定すると，図5.21に示すような機構となり，Bをクランクとして回転させるとDは往復運動をする。この機構を往復両スライダクランク機構という。図5.21に示した機構を**スコッチヨーク**（Scotch yoke）ともいう。クランクBの回転角をθとすれば，スライダDの変位xは，

$$x = r(1 - \cos\theta) \tag{5.8}$$

となり，Dの運動は単振動（6.4節参照）である。クランクの角速度をωとすると，スライダDの速度Vは，

$$V = \frac{dx}{dt} = \frac{dx}{d\theta} \cdot \frac{d\theta}{dt} = \frac{dx}{d\theta} \cdot \omega = r\omega \sin\theta \tag{5.9}$$

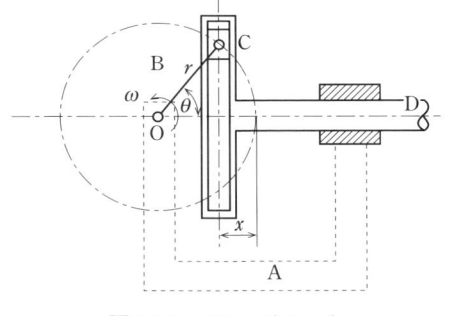

図5.21　スコッチヨーク

式(5.9)は，往復スライダクランク機構において連節棒を無限大にしたとき，すなわち，式(5.6)において $n=\infty$ とした場合に相当する。スライダDの加速度 a は，

$$a = \frac{dV}{dt} = \frac{dV}{d\theta} \cdot \frac{d\theta}{dt} = \frac{dV}{d\theta} \cdot \omega = r\omega^2 \cos\theta \tag{5.10}$$

例題5.9

図5.22に示す往復両スライダクランク機構において，スライダDの変位を確認せよ。

[解答]　図示のように，スライダC, Dの運動方向のなす角を α とする。クランクBの両極端の位置はb, b′であり，対応するスライダDの位置はd, d′である。クランクの長さを r, Obからのクランク角を θ とすると，スライダDの変位 x は，

$$x = \mathrm{Od} - \mathrm{Oc} = \mathrm{Od} - (\mathrm{Oc}' - \mathrm{cc}')$$

$$= \frac{r}{\sin\alpha} - \left\{ r\cos\left(\theta + \alpha - \frac{\pi}{2}\right) - \frac{r\sin\left(\theta + \alpha - \frac{\pi}{2}\right)}{\tan\alpha} \right\}$$

$$= \frac{r}{\sin\alpha} - \frac{r}{\sin\alpha}\{\sin(\theta+\alpha)\sin\alpha + \cos(\theta+\alpha)\cos\alpha\}$$

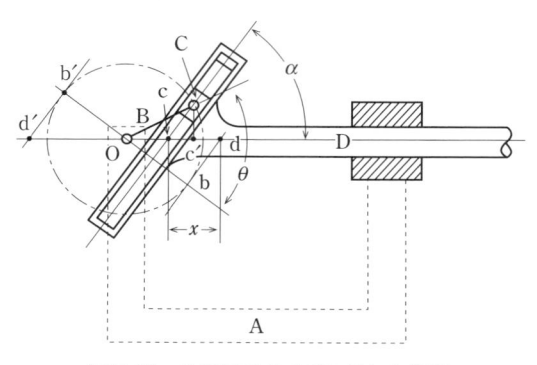

図5.22　往復両スライダクランク機構

$$= \frac{r(1-\cos\theta)}{\sin\alpha}$$

ここで，$\alpha = \pi/2$ のとき式 (5.8) となる．すなわち図 5.21 は，図 5.22 において $\alpha = \pi/2$ の場合に相当している．

問題 5.12 例題 5.9 においてスライダ D の速度 V，加速度 a を求めよ．

5.4.2　固定両スライダクランク機構

リンク D を固定し，これに直角をなす 2 つの溝を付け，その中をそれぞれスライダ A, C がすべるようにすると，図 5.23 に示すような機構ができる．これを**固定両スライダクランク機構**という．

例題 5.10

図 5.23 において，P 点の軌跡を求めよ．

[解答]　図中に示すように座標軸をとる．P 点の座標 (x, y) は，
$$x = m\cos\theta, \quad y = n\sin\theta$$
$\sin^2\theta + \cos^2\theta = 1$ の関係から，
$$\frac{x^2}{m^2} + \frac{y^2}{n^2} = 1$$

となる．この式は $2m$, $2n$ をそれぞれ長軸，短軸の長さとするだ円を表すので，P 点の軌跡はだ円である．この機構を利用したのがだ**円コンパス**（elliptic trammels）である．

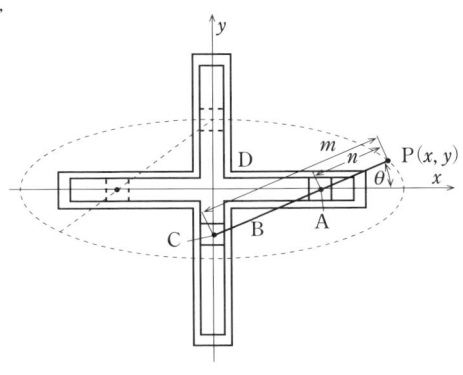

図 5.23　だ円コンパス

問題 5.13 図 5.23 において，AC = 5 cm，AP = 3 cm のとき，P 点の軌跡を求めよ．

5.4.3 回り両スライダクランク機構

リンクBを固定したものを回り両スライダクランク機構という。この機構を利用したのが図5.24に示す**オルダム継手**（Oldham's coupling）で，軸心が異なる2つの平行軸間に回転を伝達する。Dは図中に示すように円板状で，その両面に互いに直角をなす突起がある。この突起がそれぞれA, Cの溝にはまり合ってすべり，Aの回転をCに伝える。

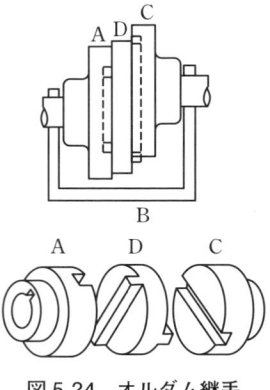

図5.24　オルダム継手

5.5　平行運動機構

2点または2点以上の点が，常に平行な直線または曲線を描いて運動する機構を平行運動機構という。この機構の代表が**平行クランク機構**（parallel crank mechanism）で，機関車の動輪の運動機構に用いられている。平行クランク機構は，図5.25に示すように，5.3節で述べた両クランク機構において相対するリンクの長さがA＝C，B＝Dとそれぞれ等しくしたものである。

図5.26に示す**ドラフタ**（**平行定規**：drafter）は，平行四辺形の性質を応用したもので，図示のように，A, Bを固定し，Rを希望の位置にもっていくと，P, Qは平行に移動する。

図5.27に示す**パンタグラフ**（pantagraph）は，図を縮小または拡大するため

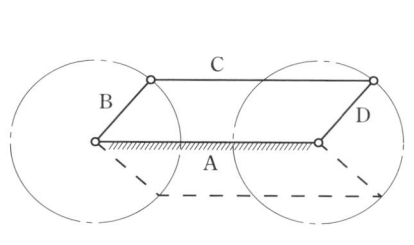

図5.25　平行クランク機構　　　　図5.26　ドラフタ

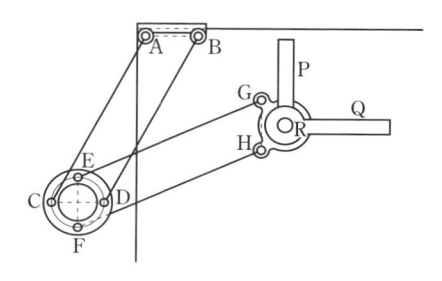

に使用される。ABCDは平行四辺形である。点Oを通る直線上の点M, Nにおいて点Nを原図に沿って動かせば，点MはOM/ONに拡大された図形を描く。逆に点Mを図形に沿って動かせば，点Nは縮図を描く。

図5.28に**レージトング**（伸縮腕：lazy tongs）の機構を示す。A_1B_2, A_2B_1 など各リンクはピンで結合されている。Oを固定してA, Bを移動させると，O_1, O_2 … O_N は水平に一直線上を等間隔を保って動き，O_N の移動量はA, Bに比べて大きい。

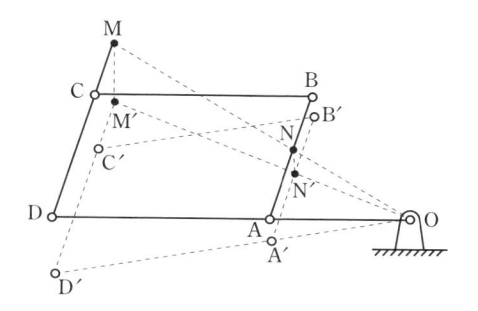

図5.27 パンタグラフ

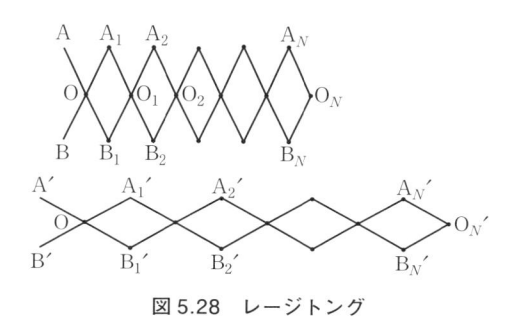

図5.28 レージトング

> **問題 5.14** 図5.27においてAD = 15 cmである。点Nが1/4の縮図を描くとき，AOの長さを求めよ。

> **問題 5.15** バスのワイパブレード（wiper blade）の動きを確認せよ。

5.6 直線運動機構

機構上の1点が，他の直線状の物体の案内によらずリンクの組合わせだけで，直線運動を描くものである。真正直線と近似直線を描く直線運動機構の代表例を述べる。

(1) ポースリエ（Peaucellier）の機構

図 5.29 に示すように，A，B，C，D，E，F，G，H の 8 本のリンクからなり，各リンク長さの条件は，A＝B＝C＝D，E＝F，G＝H である．G を固定し H を回転すると，P は G に直角な真正直線 PP′ を描く．

例題 5.11

図 5.29 において，点 P の軌跡がリンク G に直角な真正直線であることを確認せよ．

[解答] リンク A，B，C，D からなるひし形の対角線の交点を R とする．

$$E^2 - A^2 = OR^2 - RP^2 = (OR + RP)(OR - RP) = OP \cdot OQ$$

ここで，E，A はリンクの長さを表しているので，$E^2 - A^2$ は一定である．したがって，$OP \cdot OQ$ は点 P がどの位置にあっても一定である．同様にリンク G と H が一直線になったとき，Q と P の位置を Q′，P′ とすると，$OQ' \cdot OP'$ は一定である．このとき，$OQ' = 2G$ だから，OP' は一定，すなわち P′ は定点である．△OQQ′ と △OP′P は相似の直角三角形となるので，P がどの位置にあっても P からリンク G に引いた垂線は P′ を通る．すなわち，P は PP′ 線上を移動する．

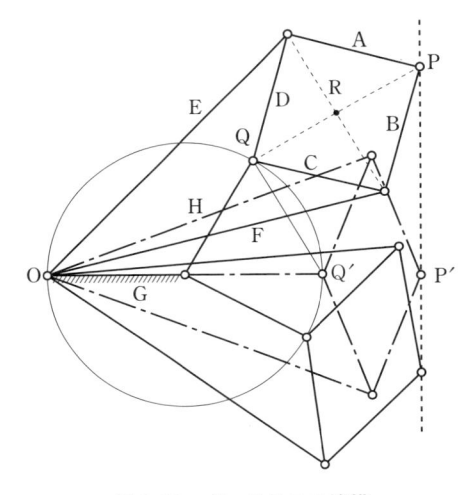

図 5.29 ポースリエの機構

問題 5.16

図 5.29 に示したリンクの組合わせにおいて，G＞H，E＝F，A＝B＝C＝D であるとき，P 点の軌跡を作図によって確認せよ．

(2) スコットラッセル (Scott-Russel) の機構

図5.30(a) に示すスライダクランク機構において，$O_1O_2 = OO_2 = O_2P$ である。O_1 を溝に沿って移動させると，P は OO_1 に垂直な真正直線を描く。一方，図5.30(b) に示すように，スライダの代わりに長いリンク O_1O' を使うと，O_1 は直線でなく円周上の動きとなるので，P は真正直線でなく近似直線を描く。

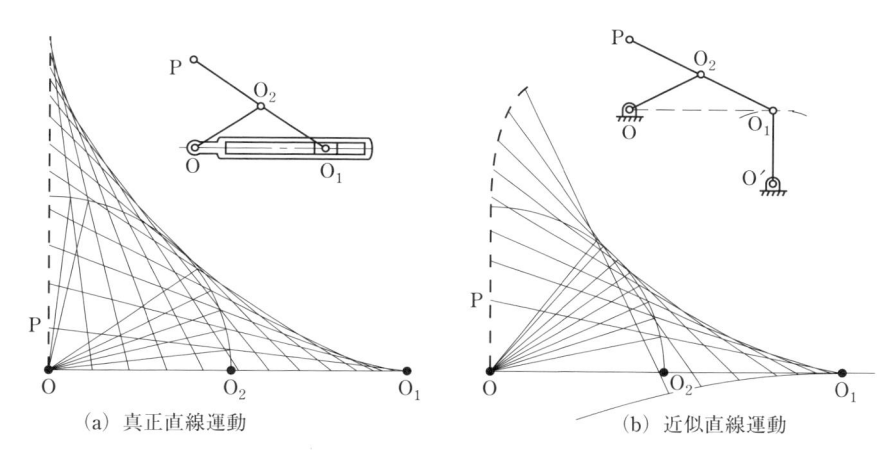

(a) 真正直線運動

(b) 近似直線運動

図5.30 スコットラッセルの機構

例題 5.12

図5.31において，スライダA, Bを結ぶリンクの中点Qの軌跡を求めよ。

[解答] 図中に示すように座標軸をとる。Q点の座標 (x, y) は，

$$x = r\cos\theta, \quad y = r\sin\theta$$

$\sin^2\theta + \cos^2\theta = 1$ の関係から，

$$x^2 + y^2 = r^2$$

となる。この式は半径 r の円を表すので，中点Qの軌跡は円である。

図5.30(a) の機構は，図5.31において原点とQをリンクで連結し

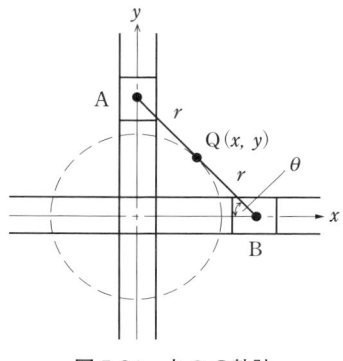

図5.31 点Qの軌跡

スライダ A を取り除いたことに相当している．すなわち，図 5.30 (a) の P 点は直線運動する．

問題 5.17 図 5.30 (a) において，PO_2 の中点 P' の軌跡を作図によって確認せよ．

例題 5.13

FF 車のリヤサスペンションに応用されているスコットラッセルの機構を確認せよ．

[解答] 図 5.32 において，リンク ab（ラテラルロッド）とリンク cd（コントロールロッド）の構成がスコットラッセルの機構である．a 点は車体側固定点，b, c 点はアクスルビームに設けてある．b 点が横方向に動くように，ラテラルロッドのアクスルビーム取付け部分には，上下方向に硬く，左右方向に容易に変形する大型のラバーブッシュが組み込まれている．c 点が路面に対して垂直に移動することから，リンク ab のみのトーションビーム式サスペンションで生じるスカッフ変化（アクスルの横移動）がほとんどなくなり，タイヤは上下直線運動をする．これは優れた操縦安定性を可能にする．

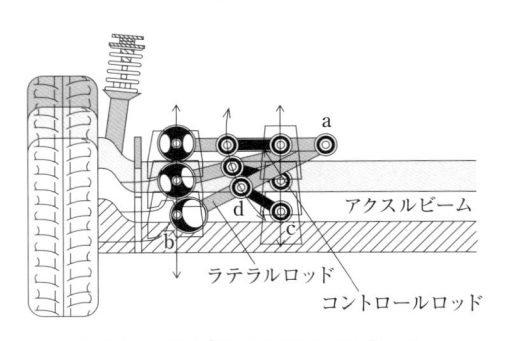

図 5.32　FF 車のリヤサスペンション

(3) ワット（Watt）の機構

図 5.33 に示すように，リンク O_1A と O_2B の一端 O_1 と O_2 を固定し，他端 A と B をリンクで連結し，次のように点 P の軌跡を求める．

① $AO_1 // BO_2$
② $AO_1/BO_2 = PB/PA$ のように点 P を定める．

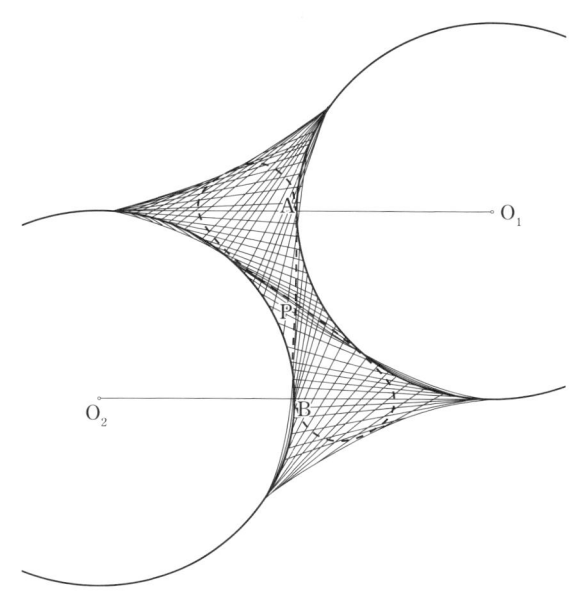

図 5.33 ワットの機構

③ A，B をそれぞれ O_1，O_2 を中心として動かし，その都度②のように点 P を定める。

点 P の軌跡を図示すると，P 点は 8 字形を描くが，8 字の交差付近では近似直線となっている。

問題 5.18 図 5.34 (a) において，図 5.33 と同様に P を定めるとき，P の軌跡を作図によって確認せよ。

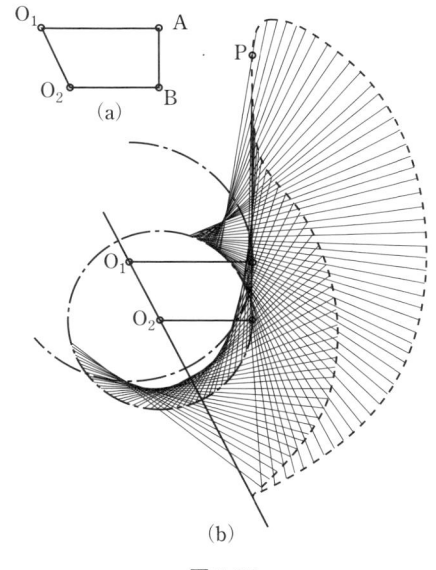

図 5.34

5.6 直線運動機構

5.7 球面運動機構

これまでに述べた機構は，回り対偶の回転軸がみな平行で，各リンクはどれも平面上を運動する。一方，回り対偶の回転軸が平行でなく回転軸の延長がみな一点を通るとき，各リンクは球面運動する。このような機構を**球面運動機構**という。

フック継手（**自在継手**：Hooke's joint）は，この機構の応用例である。原軸と従軸が同一平面内にあるが，ある角度をなして交わる2軸間に回転を伝達するのに使用される。フック継手の構成は，図5.35(a)に示すように，A，C軸の端は二またになっていて，二またの各端に十字形の棒（十字軸：スパイダ）の4つの端がベアリングを介して組み付けられている。これは，図5.35(b)に示すように，球面上にあって球の中心に対して90°をなすリンク機構と同じである。A軸の回転角 θ とC軸の回転角 ϕ の関係は，次式で表される。

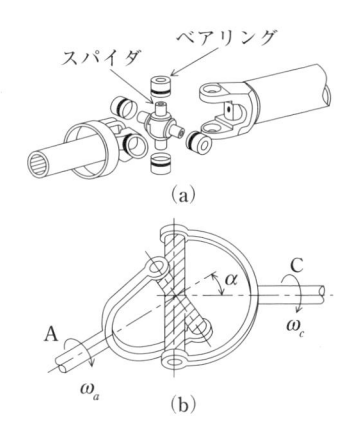

$$\tan\phi = \tan\theta \cdot \cos\alpha \tag{5.11}$$

図 5.35 フック継手の構成

ここで，α は2軸間の交角である。式(5.11)を時間 t で微分すると，

$$\sec^2\phi \cdot \frac{d\phi}{dt} = \sec^2\theta \cdot \cos\alpha \cdot \frac{d\theta}{dt}$$

ここで，$d\theta/dt = \omega_a$，$d\phi/dt = \omega_c$ と置いて整理すると，

$$\frac{\omega_c}{\omega_a} = \frac{\cos\alpha}{1 - \sin^2\theta \sin^2\alpha} \tag{5.12}$$

上式は，$\theta = 0°$，$180°$ のとき，

$$\frac{\omega_c}{\omega_a} = \cos\alpha \qquad ①$$

$\theta = 90°$，$270°$ のとき，

$$\frac{\omega_c}{\omega_a} = \frac{\cos \alpha}{1 - \sin^2 \alpha} = \frac{1}{\cos \alpha} \qquad ②$$

となり，原軸の1回転中に従軸は2回の遅速を生じることがわかる．

フック継手が1個の場合，原軸Aが一定角速度 ω_a で回転しても従軸Cの角速度 ω_c は変化する．しかし，図5.36のように継手を2個用い，C軸の両端の二また部を同一平面上に置き，A軸とC軸の交角，C軸とB軸の交角を等しくすると，式(5.12)より，

$$\frac{\omega_c}{\omega_a} = \frac{\cos \alpha}{1 - \sin^2 \theta \sin^2 \alpha} \qquad ③$$

$$\frac{\omega_c}{\omega_b} = \frac{\cos \alpha}{1 - \sin^2 \theta \sin^2 \alpha} \qquad ④$$

式③，式④より，$\omega_a = \omega_b$ となるのでA軸とB軸は等しい角速度で回転する．

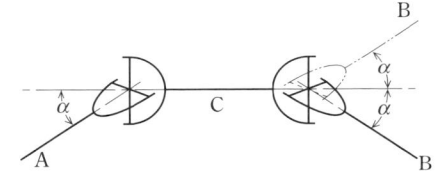

図5.36 2個のフック継手

例題5.14

フック継手において原軸の1回転中に従軸は2回の遅速を生じることを式(5.12)を図示して確認せよ．

[解答] 交角 α を定めると，式(5.12)より角速度比と回転角の関係が求められ

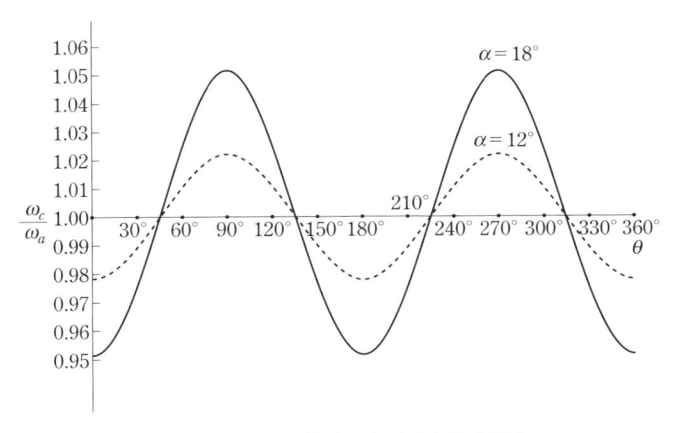

図5.37 フック継手における角速度変化

る。一例として，α が 12° と 18° の場合について求めた結果を図 5.37 に示す。図示のように，原軸が一定角速度 ω_a で回転しても従軸の角速度 ω_c は常に変化し，変化の度合いは α によって異なるが，原軸の 1 回転中に従軸は 2 回の遅速を生じている。

問題 5.19 自動車に用いられているフック継手の交角 α を確認せよ。

問題 5.20 式 (5.12) を確認せよ。

例題 5.15

自在継手の運動伝達を確認せよ。

[解答] **自在継手**（universal joint）は，交わる 2 軸に回転を伝えるものである。自在継手には，フック継手のほかに**フレキシブル継手**（たわみ継手），等速継手がある。等速継手はフック継手と異なり，原軸と従軸との間に角速度の変化はない。フック継手，フレキシブル継手は不等速継手ともいえる。原軸と従軸の交角は，フック継手で 12～18°，フレキシブル継手で 7～10° に対し等速継手では 20～42° である。

等速継手（**CV ジョイント**：constant velocity joint）は，原軸と従軸の交角が大きくなっても等速で円運動ができるジョイントである。フック継手の不等速性の原因は，トルクの伝達面が 2 面あるためである。原軸と従軸が等速度運動するためには，図 5.38 に示すように，原軸と従軸の 2 軸間の動力伝達面が 2 軸がつくる角を二等分する位置にあればよい。すなわち，図示のように，原軸と従軸の動力伝達点からの距離を r_1，r_2 とすると，動力伝達点の瞬間速度 V は，$V = r_1 \omega_1 = r_2 \omega_2$ である。$r_1 = r_2$ だから，$\omega_1 = \omega_2$ となり，原軸と従軸の角速度は等しい。等速継手のひとつであるバー

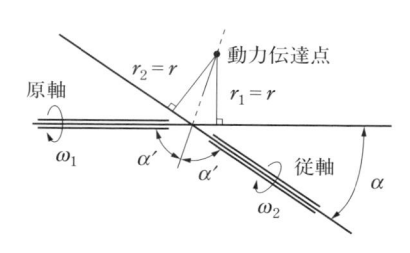

図 5.38 等速継手

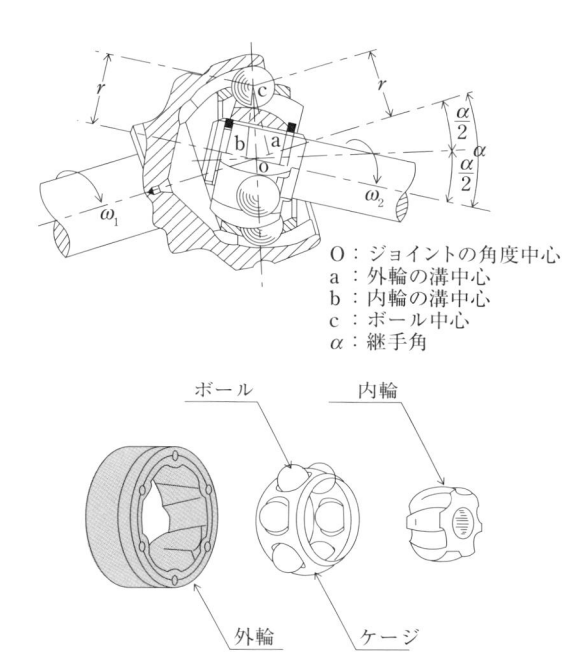

図 5.39　バーフィールドジョイント

O：ジョイントの角度中心
a：外輪の溝中心
b：内輪の溝中心
c：ボール中心
α：継手角

フィールドジョイント（birfield joint）は，図 5.39 に示すように，原軸と従軸の交角 α に関係なく相対するスチールボール（トルク伝達ボール）が両軸の二等分面上に存在するようになっている。構成部品は外輪（アウタレース），内輪（インナレース），ケージ，ボールである。インナレースは外側に，アウタレースは内側にそれぞれ等間隔に球面の案内溝が6つあり，各溝にケージによって保持されているボールが入る。トルク伝達は，この6個のボールの接触点で行われる。角度が大きく変化しても確実に回転が伝えられるので，FF 車のフロントアクスル駆動に使用されている。

問題 5.21 各種自動車用ジョイントの特性について調査せよ。

演習問題

❶ てこクランク機構において，てこ400 mm，連接棒500 mm，固定リンク600 mmのとき，クランクの長さの条件を求めよ．

❷ 長さ40 mmのクランクが毎分3 000回転し，連接棒の長さが100 mmであるとき，クランク速度V_c，ピストンの平均速度V_m，ピストンの最高速度V_pを求めよ．

❸ 図5.16において，B = 20 cm，C = 50 cmのとき，往復時間比t_1/t_2を求めよ．

❹ 図5.27において，AD = 12 cmである．点Nが1/3の縮図を描くとき，AOの長さを求めよ．

❺ 自動車における両てこ機構の適用例を確認せよ．

第6章 カム装置

特殊な形状をもつ原節を**カム**（cam）という。カムを回転，揺動または往復運動させてカムに接触している従節が必要な動きをするように組合わせた機構を**カム装置**という。自動車において吸排気バルブの開閉機構がカム装置の代表例である。

6.1 カム伝動

図 6.1 において，原節 A が回転すると従節 B は上下に運動する。カムである原節 A が角速度 ω で回転しているとき，従節 B の速度を考える。図中，V_A は原節の速度，V_B は従節の速度，P は両節の接触点である。P 点で共通接線 TT′，共通法線 NN′ を引き，V_A, V_B が NN′ となす角を α, β として，V_A の分速度 V_A', V_A'', V_B の分速度 V_B', V_B'' をとる。従節の軸線と接触点における共通法線とのなす角 β を圧力角という。原節の回転中心 O より従節の進行方向に垂直線を引き，NN′ との交点を Q とする。$OP = r_A$, $OQ = r_B$ とすると，

$$V_A = r_A \omega \quad \text{①}$$
$$V_A' = V_A \cos\alpha \quad \text{②}$$
$$V_B' = V_B \cos\beta \quad \text{③}$$

原節 A と従節 B が接触を保つことから，$V_A' = V_B'$ であるので，

$$V_B = \frac{V_A \cos\alpha}{\cos\beta} = \frac{r_A \omega \cos\alpha}{\cos\beta} \quad \text{④}$$

また，

$$r_A \tan\beta = r_B, \quad \alpha + \beta = \frac{\pi}{2} \quad \text{⑤}$$

式④，式⑤より，従節 B の速度 V_B は，

$$V_B = r_B \omega \quad (6.1)$$

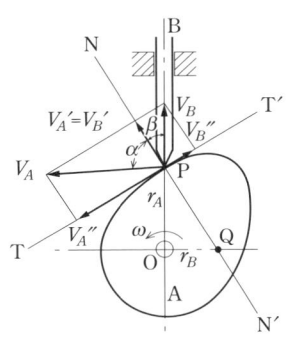

図 6.1 カムと従節

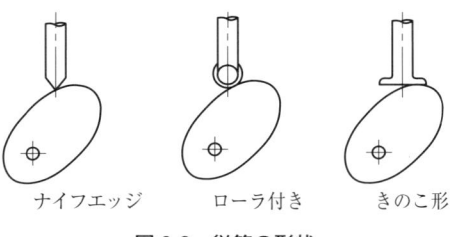

| ナイフエッジ | ローラ付き | きのこ形 |

図 6.2　従節の形状

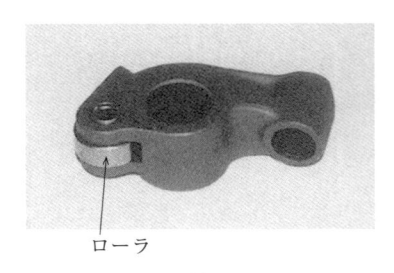

図 6.3　ローラ付きロッカアーム

となる．すべり速度は $V_A'' - (-V_B'') = V_A'' + V_B''$ である．

このように，カムと従節はすべり接触をする．摩耗はそのまま運動精度の低下となるので，従節の先端にローラを付けて接触させる場合も多い．図 6.2 に従節の代表的形状を示す．図 6.3 には実例としてローラ付きロッカアームを示した．ロッカアームは，カムシャフトの回転運動を揺動運動に変換し，バルブを駆動する部品である．

問題 6.1　図 6.4 は，従節の軸線が原節の回転中心を通る場合を示した図 6.1 と異なり，従節 B の軸線が原節 A の回転中心 O を通らない場合を示している．このとき，式 (6.1) が成立することを確認せよ．

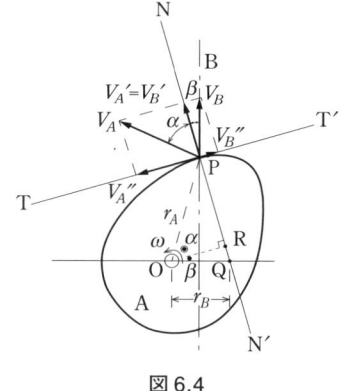

図 6.4

6.2　カムの種類

カムは，従節の所要の運動に応じて多種多様に設計される．カムの種類は，従節の運動とその運動を導くカムの輪郭曲線が同一平面内にある**平面カム**（plane cam）と，同一平面内にない**立体カム**（solid cam）に大別される．

6.2.1 平面カム

図 6.5 に平面カムの形と動き方の基本的なものを示す。

① **板カム**（plate cam）：このカムは代表的カムで，図 6.1 に示したように，曲線で囲まれた輪郭を有する平面板である。カムを回転させることにより，輪郭のとおり従節を上下運動させる。カムの回転軸と従節の運動方向は直交している。カムの形状により円板カム，三角カムなど，また従節の形状によりローラ付きカム，きのこ形カムなどいろいろな名称がある。なお，図 6.5 (a) に示すように，従節を揺動運動させることもできる。

② **直動カム**（translation cam）：図 6.5 (b) に示すように，従節の要求する運動曲線を板の上面に有し，カムの往復直線運動を従節の上下運動にする。カムと従節の運動方向は直交している。

③ **さかさカム**（inverse cam）：普通のカム装置ではカムが輪郭曲線を有するが，このカムは図 6.5 (c) に示すように，輪郭曲線がカムになく従節に付けられている。

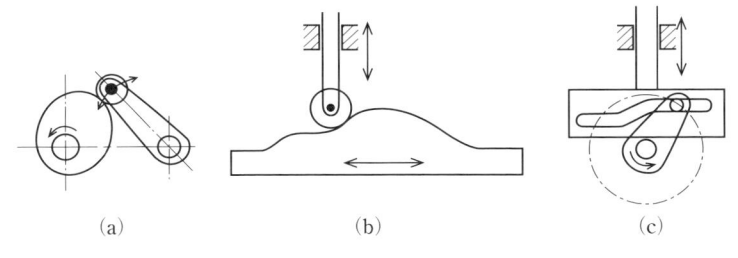

図 6.5　平面カム

6.2.2 立体カム

図 6.6 に立体カムの形と動き方の基本的なものを示す。

① **円筒カム**（cylindrical cam）：図 6.6 (a) に示すように，円筒の表面に曲線状の案内溝を有するもので，カムを回転させると，従節は溝の形状に沿って往復または揺動運動をする。往復運動の場合は，カムの回転軸と従節の運動方向は平行である。揺動運動の場合は，カムの回転軸と従節の回転軸は直交している。なお，溝の代わりに円筒の周囲に突起を付け，従節を突起の曲線に

沿って作用させてもよい。

② **円すいカム**（conical cam）：図 6.6 (b) に示すように，円すいの表面に曲線状の案内溝を有するもので，カムを回転させると，従節は溝の形状に沿って往復運動する。カムの回転軸と従節の運動方向は一定の角度を保っている。

③ **球状カム**（spherical cam）：図 6.6 (c) に示すように，球面に曲線状の案内溝を有するもので，カムを回転させると，従節はその溝によって左右揺動運動をする。カムの回転軸と従節の中心軸は直交している。

④ **端面カム**（end cam）：図 6.6 (d) に示すように，円筒の端面に特殊な形状を与えたもので，カムを回転させると，従節は上下運動をする。カムの回転軸と従節の運動方向は平行である。

⑤ **斜板カム**（swash plate cam）：図 6.6 (e) に示すように，平面円板を回転軸に一定角度を傾斜させて取り付けられたもので，カムを回転させると，従節は上下運動をする。カムの回転軸と従節の運動方向は平行である。このカムは，

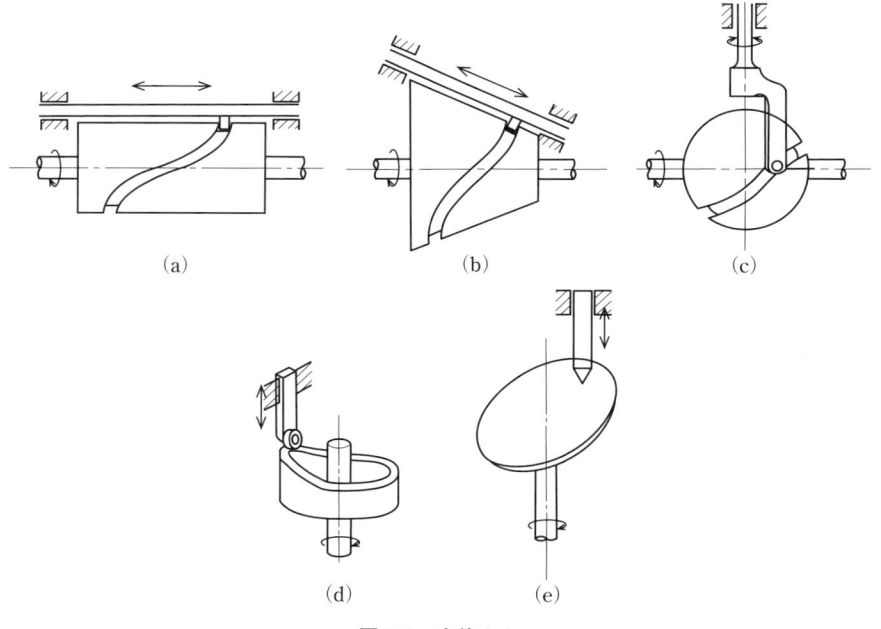

図 6.6　立体カム

本質的には端面カムと同じである。

例題 6.1

平面カムの実用例を確認せよ。

[解答] 自動車エンジンの吸排気バルブを駆動する板カムが，図 6.7 に示すようにカムシャフトに取り付けられている。カムシャフトは，バルブを開閉させるロッカアームなどを駆動する。

図 6.7　カムシャフト

(a) OHV

(b) SOHC　　　(c) DOHC

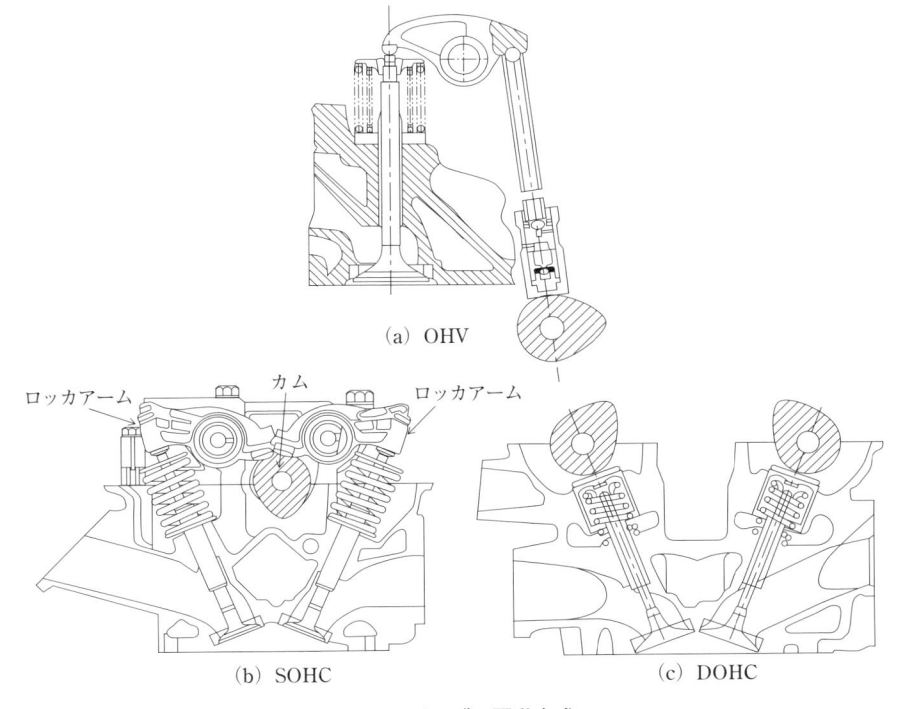

図 6.8　バルブの駆動方式

6.2 カムの種類

バルブの駆動方式は，カムシャフトの数，その取付け位置によってOHV，SOHC，DOHC式に分類される。**OHV**（Over Head Valve）式は，図 6.8 (a) に示すように，カムシャフトをシリンダの横に 1 本取り付け，タペット，プッシュロッド，ロッカアームを介してバルブの開閉を行う。**SOHC**（Single Over Head Camshaft）式は，図 6.8 (b) に示すように，シリンダヘッドにカムシャフトを 1 本取り付け，ロッカアームなどを介してバルブの開閉を行う。**DOHC**（Double Over Head Camshaft）式は，シリンダヘッドに吸気用，排気用にそれぞれ 1 本のカムシャフトを取り付け，図 6.8 (c) に示すような直動式や SOHC 式のようなロッカアームを介してバルブの開閉を行う。

問題 6.2 立体カムの実用例を確認せよ。

6.3 カム変位線図

従節の運動は，その運動を導くカムの輪郭によって決まる。カムの輪郭を決めるとき，カムの回転角（移動量）と従節の変位の関係を知る必要がある。この関係を表した線図を**カム変位線図**（displacement diagram）という。変位線図に示された曲線を**変位曲線**（基礎曲線），従節の最大変位を**リフト**（lift）という。

カムの移動量と従節の変位の関係を確認する一例として，図 6.9 にカム変位線図と同形の直動カム A による従節 B の動きを示す。図において，原節 A を左方に移動すると，0 から移動量 1, 2, 3, 4 に対応して従節 B は m_0 から m_1, m_2,

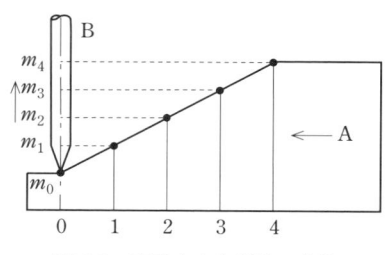

図 6.9　直動カムと従節の変位

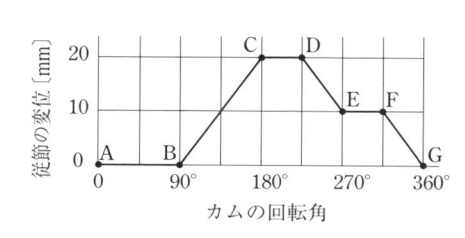

図 6.10　カム変位線図

m_3, m_4 と上昇する．A を左右に往復直線運動させれば，従節 B は上下の直進運動をする．リフトは m_0m_4 である．

図 6.10 には，縦軸に従節の変位，横軸にカムの**回転角**（角変位）を表すカム変位線図を示した．この線図における従節は，カムが最初 90°回転する間（AB 間）はその位置を変化せず，次の 90°の間（BC 間）に 20 mm 上昇し，次の 45°の間（CD 間）はその位置にとどまり，次の 45°の間（DE 間）で 10 mm 下降し，次の 45°の間（EF 間）はその位置にとどまり，最後の 45°の間（FG 間）に 10 mm 下降して最初の位置に戻る．

問題 6.3 図 6.10 において，リフトを求めよ．

6.4 従節の運動とカム線図

機械に用いられている従節のおもな運動は，等速度運動，等加速度運動，単振動である．従節の運動を表示するカム変位線図が与えられると，従節の運動の速度，加速度を求めることができる．横軸に回転角をとり，縦軸に従節の速度をとると速度線図，縦軸に従節の加速度をとると加速度線図が得られる．これらの線図とカム変位線図を総称して**カム線図**（cam diagram）という．カム線図はカムを設計する際，重要な情報となる．

6.4.1 等速度運動

カム軸が等速度で 1 回転する間に，従節が等速度でリフト h を 1 往復するカム変位線図を考える．カムが一定速度で回転しているとき，回転角は時間に比例する．従節は等速度運動であるから，従節の変位は時間に比例する．したがって，従節の変位 y はカムの回転角 θ に比例し，両者の関係は直線で表される．カム変位線図は，縦軸に従節の変位，横軸に回転

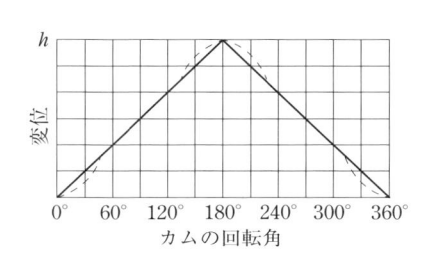

図 6.11 カム変位線図

角をとると，図 6.11 に示すように，リフト h を頂点とする山形となる．変位曲線がこのような直線で構成されている場合には，従節の変位の始めと終わりを図中の破線で示したように一部丸みを付けた**緩和曲線**（easement curve）にすることがある．その理由は，0°（360°）と 180°の位置で速度の正負が逆転するため，この位置で急激な加速度を生じ，従節が正常に追従しないおそれがあるためである．緩和曲線には円弧，放物線，正弦曲線などを用いる．

　従節が等速度運動しているときのカム線図を確認する．従節の変位 y とカムの回転角 θ の関係は，

$$y = k\theta \tag{6.2}$$

ここで，k は定数である．式 (6.2) は y が θ の一次関数で，直線であることを意味している．従節の速度 V は，式 (6.2) より，

$$V = \frac{dy}{dt} = \frac{dy}{d\theta} \cdot \frac{d\theta}{dt} = k\frac{d\theta}{dt} = k\omega \tag{6.3}$$

ここで，k，ω が一定なので，V は一定値となる．従節の加速度 a は，式 (6.3) より，

$$a = \frac{dV}{dt} = 0 \tag{6.4}$$

図 6.12 に式 (6.2)～(6.4) を図示したカム線図を示す．

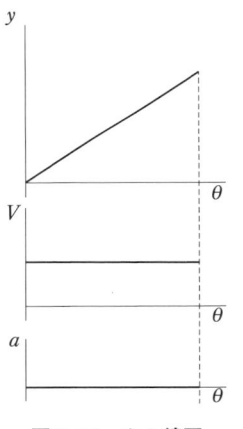

図 6.12　カム線図

例題 6.2

図 6.11 に示したカム変位線図の速度線図，加速度線図を求めよ．

[解答]　変位曲線において，$\theta = \theta_0$ のとき $y = h$ とする．

$$y = k\theta \qquad ①$$
$$y = -k\theta + k_1 \qquad ②$$

ここで，k，k_1 は定数である．すなわち，$\theta = \theta_0$ のとき $y = h$ である条件より，$k = h/\theta_0$，$k_1 = 2h$ である．

　速度 V は，式①，式②より，

$$V = \frac{dy}{dt} = k\omega \qquad ③$$

$$V = \frac{dy}{dt} = -k\omega \qquad ④$$

ここで，角速度 ω が一定なので，V は一定値となる。

加速度 a は，式③，式④より，

$$a = \frac{dV}{dt} = 0 \qquad ⑤$$

図 6.13 に式①と式②，式③と式④，式⑤を図示したカム線図を示す。図示のように，従節が上昇または下降しているとき，速度は一定で加速度は 0 である。しかし，従節の上昇または下降の始めと終わりにあたる箇所では，速度の急変による急激な加速度を生じる。

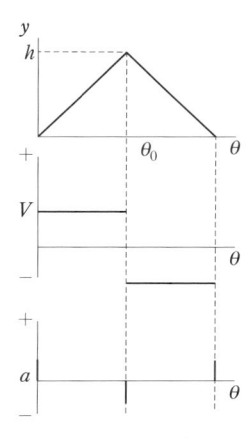

図 6.13　カム線図

6.4.2　等加速度運動

カムが一定速度で回転しているとき，回転角は時間に比例する。従節は等加速度運動であるから，従節の変位は時間の 2 乗に比例する。したがって，従節の変位 y とカムの回転角 θ の関係は，

$$y = k\theta^2 \qquad (6.5)$$

ここで，k は定数である。式 (6.5) は y が θ の二次関数で，放物線であることを意味している。速度 V は，式 (6.5) より，

$$V = \frac{dy}{dt} = \frac{dy}{d\theta} \cdot \frac{d\theta}{dt} = 2k\omega\theta \qquad (6.6)$$

ここで，角速度 ω が一定なので，V は θ の一次関数である。加速度 a は式 (6.6) より，

$$a = \frac{dV}{dt} = \frac{dV}{d\theta} \cdot \frac{d\theta}{dt} = 2k\omega^2 \qquad (6.7)$$

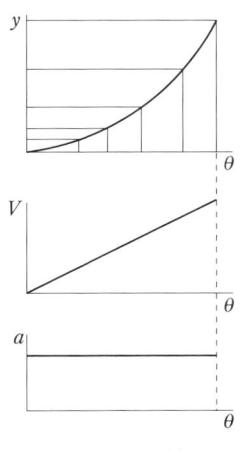

図 6.14　カム線図

6.4　従節の運動とカム線図

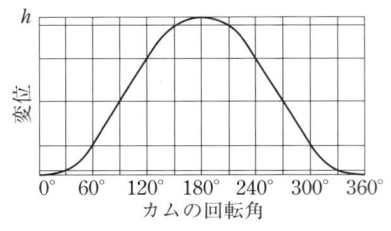

図 6.15　カム変位線図

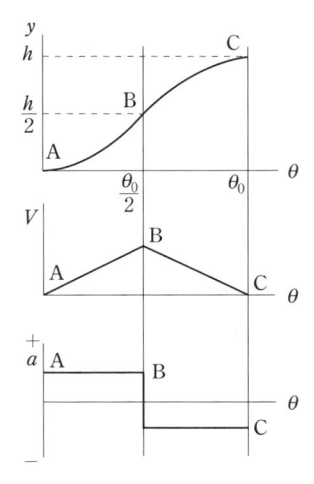

図 6.16　カム線図

ここで，角速度 ω が一定なので，a は一定値である。図 6.14 に式 (6.5) ～ (6.7) を図示したカム線図を示す。

図 6.15 には，カム軸が等速度で 1 回転する間に，従節が等加速度でリフト h を 1 往復するカム変位線図を示した。図は上昇，下降行程をそれぞれ 6 等分したときの従節の変位を示し，上昇と下降の各行程は 2 つの同形の放物線を逆にしてつないである。上昇行程における従節の上昇運動の速度，加速度を求めた結果を図 6.16 に示す。図示のように，従節は最大変位のところで速度が 0 となり，上昇行程の前半は等加速度運動，後半は等減速度運動である。従節は等速度運動よりもいっそう円滑に運動する。

例題 6.3

図 6.16 に示したカム線図を確認せよ。

[解答]　変位曲線において，$\theta = \theta_0$ のとき $y = h$，$\theta = \theta_0/2$ のとき $y = h/2$ であるとする。同形の放物線であることから，

$$y = k\theta^2 \qquad ①$$
$$y = -k(\theta - \theta_0)^2 + h \qquad ②$$

ここで，k は定数である。すなわち，$\theta = \theta_0/2$ のとき $y = h/2$ である条件より，$k = 2h/\theta_0^2$ である。

速度 V は，式①，式②より，

$$V = \frac{dy}{dt} = 2k\omega\theta \qquad ③$$

$$V = \frac{dy}{dt} = -2k\omega(\theta - \theta_0) \qquad ④$$

ここで，角速度 ω が一定なので，V は θ の一次関数である。

加速度 a は，式③，式④より，

$$a = \frac{dV}{dt} = 2k\omega^2 \qquad ⑤$$

$$a = \frac{dV}{dt} = -2k\omega^2 \qquad ⑥$$

式①〜⑥を図示すると，図 6.16 となる。

問題 6.4 図 6.17 (a), (b) にカム変位線図を示す。図 (a) は A, B, C, D と変位曲線が直線で構成されている。B, C 点での急激な速度変化を避けるため，緩和曲線に放物線を用いた場合が図 (b) に示されている。両者のカム線図を比較せよ。

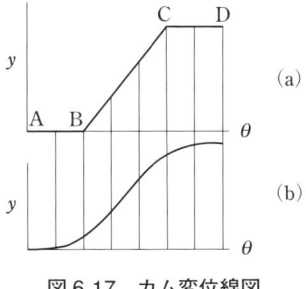

図 6.17 カム変位線図

6.4.3 単振動

単振動している従節の変位は，円周上の等速運動を直径上に投影した大きさとなる。図 6.18 (a) に示したカム変位線図において，従節の変位 y とカムの回転角 θ の関係は，

$$y = \frac{h(1-\cos\theta)}{2} \qquad (6.8)$$

ここで，h はリフトである。式 (6.8) は，y が $\cos\theta$ の関数で正弦曲線であることを意味している。速度 V は，式 (6.8) より，

$$V = \frac{dy}{dt} = \frac{dy}{d\theta} \cdot \frac{d\theta}{dt}$$
$$= \frac{h\omega \sin\theta}{2} \qquad (6.9)$$

ここで，角速度 ω が一定なので，V は $\sin\theta$ の関数で正弦曲線である。

加速度 a は，式 (6.9) より，

$$a = \frac{dV}{dt} = \frac{dV}{d\theta} \cdot \frac{d\theta}{dt}$$
$$= \frac{h\omega^2 \cos\theta}{2} \qquad (6.10)$$

ここで，角速度 ω が一定なので，a は $\cos\theta$ の関数で正弦曲線である。

図 6.18 (b)，(c) に式 (6.9)，式 (6.10) を図示した速度線図，加速度線図を示す。

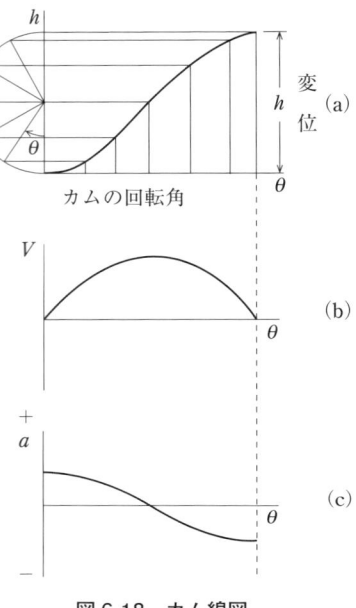

図 6.18　カム線図

図示のように，従節の速度は行程の両端で 0，中央で最大となる。一方，従節の加速度（減速度）は行程の両端で最大，中央で 0 となる。従節の加速度の変化は，従節が等加速度運動である場合より滑らかである。

例題 6.4

図 6.19 において，単振動の式 ($x = r\cos\omega t$) を確認せよ。

[解答]　一定の時間ごとに，同一の運動を繰り返す現象を周期振動という。図示のように，半径 r の円周上を点 P が一定角速度 ω で運動をしているとき，P から x 軸に引いた垂線の足 Q は，x 軸上を O を中心に左右に往復運動をする。この点 Q の運動を単振動という。同様に，点 P から y 軸に引いた足も y 軸上を単振動している。

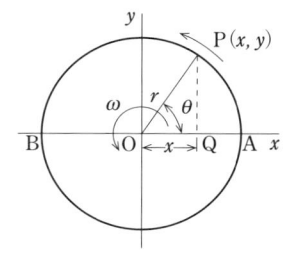

図 6.19　単振動

円周上のPを最初の位置Aから時間t後の位置とする。$\angle POQ = \theta$ とすれば，$\theta = \omega t$なので，QのOからの変位xは，

$$x = r\cos\theta = r\cos\omega t \tag{6.11}$$

ここで，ωは角速度である。

問題 6.5 図6.19において，y軸上の単振動の式を求めよ。

例題 6.5

図6.20に示す円板カムによる従節の運動を確認せよ。

[解答] 円板カムは，円板を偏心軸に取付け回転させ，カムとして使用するものである。従節の接触端は平面である。図示のように，従節が最下端の位置にあるとき，円板の中心O，半径r，偏心軸の軸心O_e，偏心eとする。偏心軸の軸心O_eが角θ回転すると，円板の中心OはO'の位置となる。従節の変位yは，

$$y = e(1 - \cos\theta) \tag{6.12}$$

と表され，従節は単振動している。

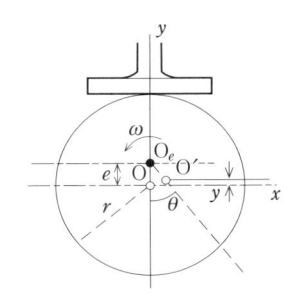

図6.20 円板カム

問題 6.6 例題6.5において，従節の速度V，加速度a，リフトhを求めよ。

6.5 カムの輪郭

回転板カムの設計にあたっての基本事項と実例の一端を述べる。カムの回転軸を中心とし，カムの輪郭の最小半径の点を通る円を**基礎円**（base circle）という。カムの輪郭曲線は，カム変位線図の輪郭を基礎円周上に巻き付けることによって求められる。

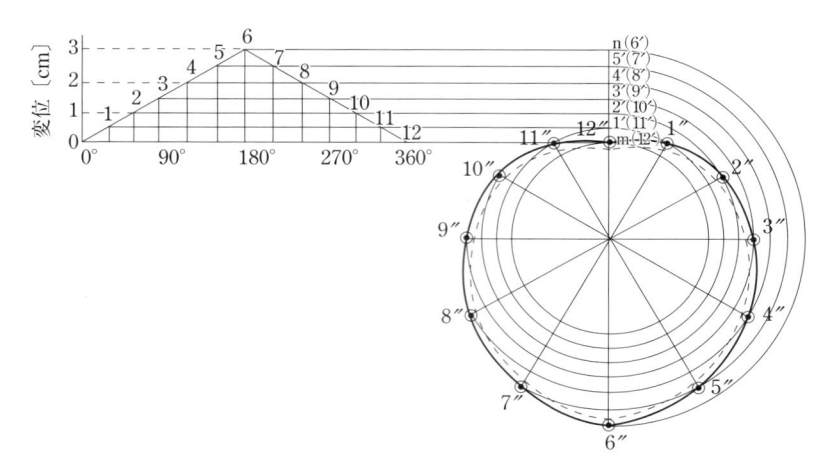

図6.21　ハートカム

(1) 板カム

カムの回転中心がリフトと同一直線上にある板カムについて考える。一例として，カムの回転が反時計方向で基礎円の直径は 6 cm，従節のリフトは 3 cm で等速往復直線運動をしている場合の板カムを描く。図6.21 に求めたカムの輪郭形状を示す。このカムはその形から**ハートカム**（heart cam）と呼ばれる。カムの輪郭形状の作図は次のように行う。

① 図示のように，カム変位線図を描く。mn がリフトである。

② カムの軸心を O とし，従節の最下点 m を通る直径 6 cm の基礎円を描く。

③ 例えば，30°ごと 1〜12 のように変位線図と基礎円を等分割する。

④ 変位線図の各変位 1〜12 を従節のリフト mn 上に移し，$1'〜12'$ とする。

⑤ カムの軸心 O を中心として，各分点 $1'〜12'$ を通る円を描き，これらの点に対応するカム分割線との交点 $1''〜12''$ を求める。

⑥ $1''〜12''$ を滑らかな曲線で結べば，図中の実線で示されるカムの輪郭曲線が求められる。カムの輪郭曲線を滑らかに結ぶのが難しいときは，カム変位線図の分割をさらに細分する。

⑦ 摩耗や摩擦損失を防止するため，従節がローラを有する場合は，図中の $1''$〜$12''$ にローラを描く。カムの輪郭曲線は，図中の破線で示すように，各ロ

ーラに内接する曲線である。

ローラに外接する曲線を描き，カムに従節のローラがはまる溝を付ければ，**確動カム**（positive motion cam）となる。確動カムとは，従節に機構学的拘束を与えたカム装置で，ばね力などを借りなくても従節を確実にカムの輪郭曲線に追従させることができる。図 6.6 に示した円筒カム，円すいカム，球状カムは確動カムといえる。一方，図 6.5 に示した板カム，直動カムなど普通のカム装置では，従節は機構学的には拘束されていない。したがって，カムの輪郭曲線の動径が増加していくとき従節は押し上げられるが，減少していくときは，ばね力などを借りなければ従節はカムの輪郭曲線に追従できない。

例題 6.6

従節がカムの回転角 0° から 90° 間は従節のリフト 6 cm を等速度で上昇し，90° から 180° 間は停止，180° から 270° 間は等速度で下降，270° から 360° 間は停止する。この従節の運動を与えるカムの輪郭を描け。また，ローラの径 1.5 cm としてカムの輪郭を描け。カムの回転は反時計回りで，基礎円の直径は 10 cm とする。

[解答] 　与題よりカム変位線図を求め，これよりカムの輪郭を上述の方法によって描いた結果を図 6.22 に示す。図示したカムの輪郭において，実線が

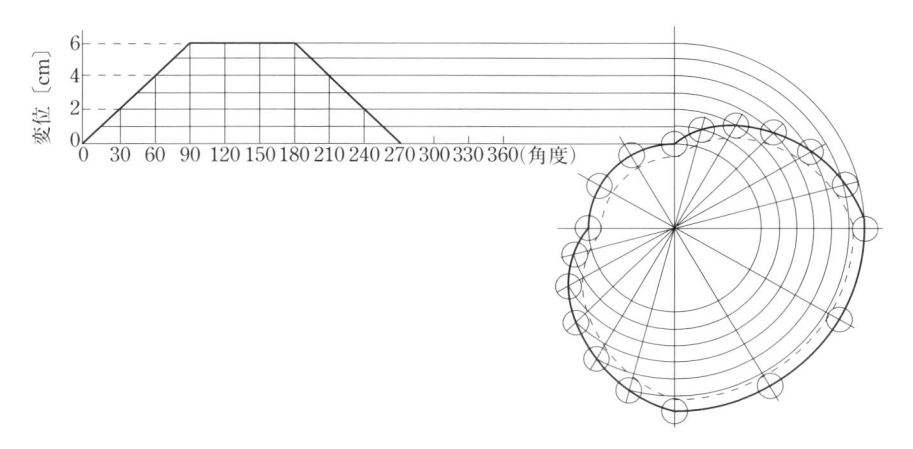

図 6.22　カム変位線図とカムの輪郭

ローラがない場合，破線がローラがある場合である．

例題 6.7

従節がカムの回転角 0° から 180° 間にリフト 6 cm を単振動で上昇，180° から 270° 間は等速度で下降し，270° から 360° 間は停止する．この従節の運動を与えるカムの輪郭を描け．カムの回転は反時計回りで，基礎円の直径は 3 cm，ローラの直径は 0.75 cm である．

[解答]　与題よりカム変位線図を求め，これよりカムの輪郭を図示した結果を図 6.23 に示す．図示したカムの輪郭において，実線がローラがない場合，破線がローラがある場合である．

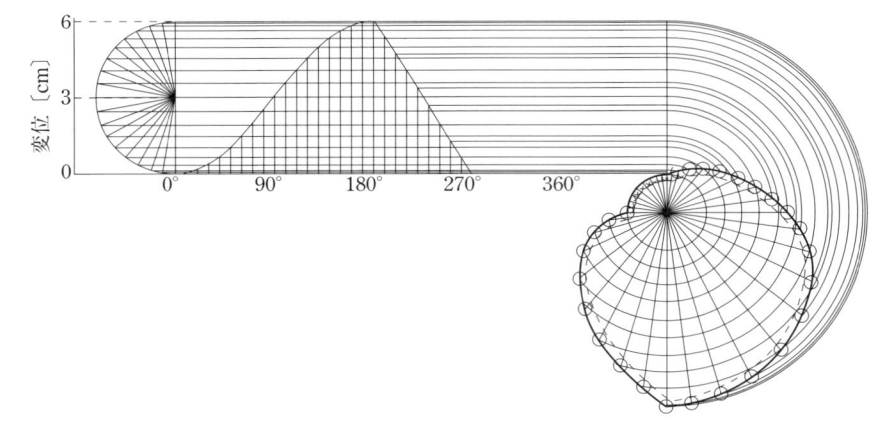

図 6.23　カム変位線図とカムの輪郭

(2) 接線カム・円弧カム

数個の円弧とこれに接する直線より構成されるカムを **接線カム**（tangent cam），数個の円弧より構成されるカムを **円弧カム**（circular arc cam）という．カムの形状の一例として，2 個の円弧に接する直線でつないだ接線カムを図 6.24 に示す．また，図 6.25 には，円弧でつないだ円弧カムを示す．これらのカムは，従節に所要の運動をさせる理想的な変位曲線ではないが，製作が容易なので実用的なカムである．

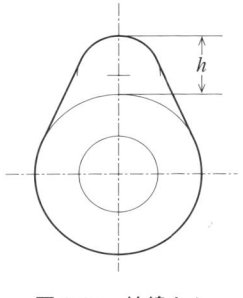

図 6.24　接線カム　　　　　図 6.25　円弧カム

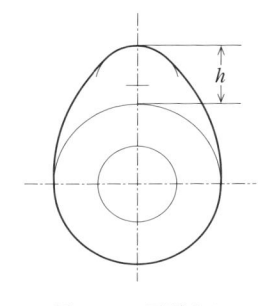

自動車用としてはバルブ運動特性が悪くなるため用いられていない。

問題 6.7　図 6.26 に示すバルブ機構について，次の問に答えよ。
(1) カムリフトを求めよ。
(2) バルブクリアランスを 0.2 mm としてバルブ全開時のバルブリフトを求めよ。

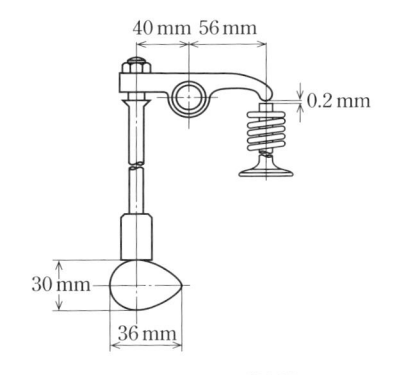

図 6.26　バルブ機構

(3) 自動車用カム（エンジンの吸排気バルブ駆動カム）

自動車エンジンの吸排気バルブを駆動する板カムの設計概要を述べる。バルブは，往復運動を行って，燃料と空気の混合気を吸入し，燃焼ガスを排出する開閉弁としての役割を果たす。バルブの変位を示すバルブ変位曲線は，吸排気効率，騒音だけでなく，バルブの運動特性，カム接触部の耐摩耗性なども考慮されている。バルブ変位曲線は，変位が 0 である**ベースサークル部**，バルブの変位を決定する**リフト部**，ベースサークル部とリフト部をつなぐ**ランプ部**（緩衝部）で構成されている。

リフト部のバルブ変位 y は，ポリノミアル曲線，ポリダイン曲線など，カムの

回転角 θ に関する多項式や合成曲線によって与えられることが多い．ポリノミアル曲線の一般式を示すと，

$$y = y_{\max} + C_p\left(\frac{\theta}{\theta_1}\right)^p + C_q\left(\frac{\theta}{\theta_1}\right)^q + C_r\left(\frac{\theta}{\theta_1}\right)^r + C_s\left(\frac{\theta}{\theta_1}\right)^s + C_t\left(\frac{\theta}{\theta_1}\right)^t + \cdots$$

(6.13)

ここで，y と θ 以外は定数である．ランプ部は，バルブクリアランス（バルブの上端とロッカアームのすきま）により発生する衝突の衝撃を少なくするために設定される．ランプ部速度は，衝撃，騒音の点から小さいほどよいが，小さくし過ぎるとエンジン性能（アイドル安定性など）に影響を及ぼす．そのため，一般に $10 \sim 18$ μm/deg にすることが多い．

インテークバルブ（吸気バルブ）を駆動するカムの一例を説明する．既に述べたように，変位曲線がわかるとカムの輪郭が求められるが，変位曲線が若干複雑である．図 6.27 にバルブの変位曲線からカムの輪郭を求めるための模式図を示す．図示のように，変位曲線はリフト部とランプ部で構成され，バルブの変位はリフト部とランプ部の変位の合成である．バルブのオープンサイド（開き側）と

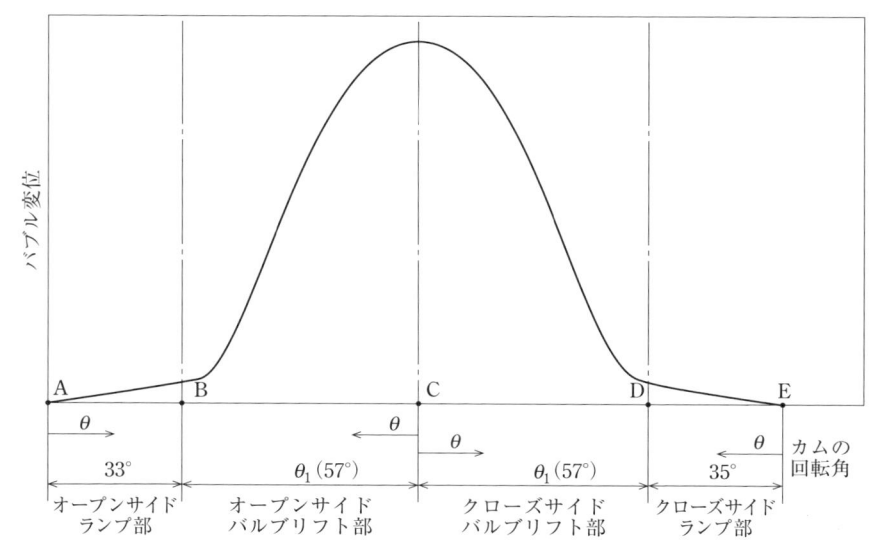

図 6.27　バルブの変位曲線の構成

クローズサイド（閉じ側）の変位曲線は，以下で述べるように若干異なっている。

まず，リフト部は次式のポリノミアル曲線で表わす。リフト部の変位 y は，

$$y = y_{\max} + C_2\left(\frac{\theta}{\theta_1}\right)^2 + C_p\left(\frac{\theta}{\theta_1}\right)^p + C_q\left(\frac{\theta}{\theta_1}\right)^q + C_r\left(\frac{\theta}{\theta_1}\right)^r + C_s\left(\frac{\theta}{\theta_1}\right)^s + \cdots \tag{6.14}$$

ここで，$y_{\max}$ はリフト部の最大変位，θ はリフト部の最大変位点からのカムの回転角，θ_1 はリフト部の区間，$p, q, r, s, C_p, C_q, C_r, C_s$ は定数である。各定数を表 6.1 に示すが，オープンサイドとクローズサイドで値は若干異なっている。表

表 6.1 リフト部の条件

	オープンサイド（開き側）	クローズサイド（閉じ側）
$y_{\max}$ [mm]	7.000	6.970
θ_1 [deg]	57	57
C_2	-11.137	-11.137
C_p	23.438	24.217
p	9	9
C_q	-19.145	-19.955
q	10	10
C_r	0.007	0.081
r	20	20
C_s	0.071	0.059
s	30	30

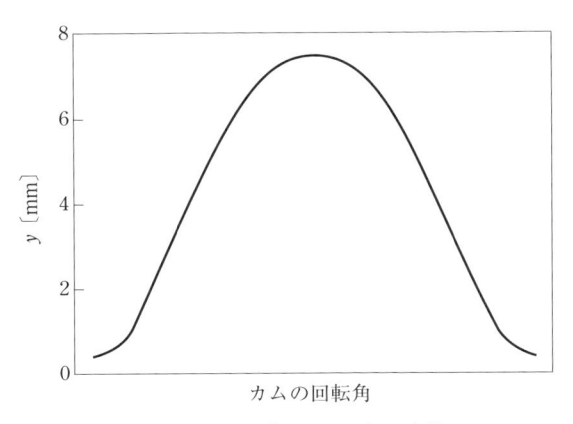

図 6.28 バルブのリフト部の変位

6.1 の各値を式 (6.14) 代入して計算すると，図 6.28 に示すバルブリフト部の変位曲線（図 6.27 の BD 間）が求められる．計算するとき，θ はリフト部の最大変位点からのカムの回転角であるので，図 6.27 に示した模式図で C を起点にし，θ の値（0 〜 57°）をオープンサイドでは左方向，クローズサイドでは右方向にとる．表 6.1 において，オープンサイドとクローズサイドでリフト部の最大変位 $y_{\max}$ の値が異なっているが，図 6.28 において，リフト部の最大変位が一致している．これは，リフト部の変位の計算値が，次に述べるランプ部の緩衝部高さを基準にしているためである．

ランプ部は，図 6.29 に示すように，等加速度区間，等速度区間，等加加速度区間から構成され，オープンサイドの緩衝部高さ y_r を 0.44 mm とする．一方，クローズサイドの緩衝部高さ y_r を 0.47 mm とする．両者の差の 0.03 mm が，表 6.1 に示したオープンサイドとクローズサイドの $y_{\max}$ の相違となっている．クローズサイドの緩衝部高さをオープンサイドの緩衝部高さより大きくするのは，バルブが閉じるとき弁座とのかたよった衝突による衝撃を少しでも軽減するためである．

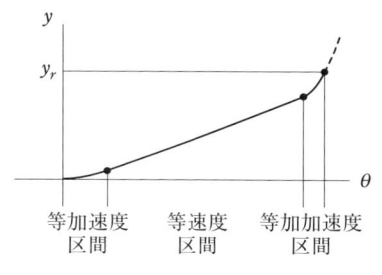

図 6.29 ランプ部の構成

オープンサイドのランプ部の各区間における加加速度，加速度，速度，変位の計算式を表 6.2 に示す．表中 x_1 はバルブの変位が 0 の点からの角度で，図 6.27 に示した模式図で A が起点である．表 6.2 に示した条件より，ランプ部の変位曲

表 6.2 ランプ部の条件

	等加速度区間	等速度区間	等加加速度区間
オープンサイド区間 [deg]	$0 < x_1 < 7.5$	$7.5 < x_1 < 31$	$31 < x_1 < 33$
クローズサイド区間 [deg]	$0 < x_1 < 7.5$	$7.5 < x_1 < 33$	$33 < x_1 < 35$
加加速度 [mm/deg^3]	0	0	0.001
加速度 [mm/deg^2]	0.002	0	$0.001x$
速度 [mm/deg]	$0.002x$	0.015	$0.0005x^2 + 0.015$
変位 [mm]	$0.001x^2$	$0.015x + 0.05625$	$0.000167x^3 + 0.015x + 0.40875$*

＊：クローズサイドの変位は $0.000167x^3 + 0.015x + 0.43875$ である．

図6.30 オープンサイドのランプ部の変位

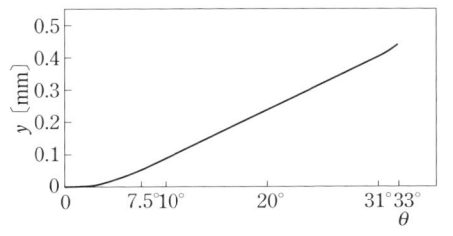

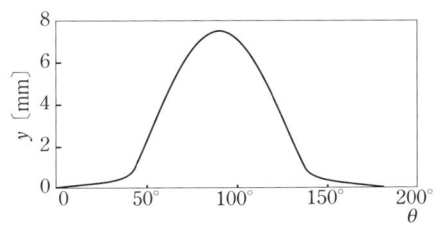

図6.31 バルブの変位曲線

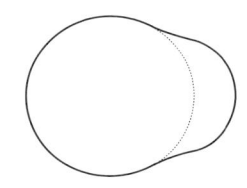

図6.32 カムの輪郭

線が求められる．ただし，表中の計算式の角度 x は，各区間において $0°$ から区間範囲の値である．ランプ部の変位は小さいので，図6.30 に拡大して示す．

クローズサイドのランプ部は，オープンサイドと同様に，等加速度区間，等速度区間，等加加速度区間から構成されるが，緩衝部高さ y_r が異なっているので，等速度区間を長くして対応する．すなわち，オープンサイドの等速度区間 $7.5 < x_1 < 31$ をクローズサイドでは $7.5 < x_1 < 33$ とする．クローズサイドのランプ部の条件は，表6.2 に示すように，オープンサイドのランプ部の区間条件のみ異なり，等加速区間 $0 < x_1 < 7.5$，等速度区間 $7.5 < x_1 < 33$，等加加速度区間 $33 < x_1 < 35$ である．クローズサイドのランプ部において，x_1 はバルブの変位が 0 の点からの角度で，図6.27 に示した模式図で E が起点である．

ランプ部とリフト部の変位を求め，まとめた結果を図6.31 に示す．変位曲線が求められると，これに対応するカムの輪郭が決められる．ベースサークルの直径を 30 mm としたときのカムを図6.32 に示す．

例題6.8

図6.31 に示したバルブの変位線図より，バルブの速度，加速度の変化の様子を確認せよ．

[解答] リフト部とランプ部について考える．まず，リフト部における速度，加速度は，式(6.14)に示したリフト部の変位 y を θ で順次微分すれば求められる．すなわち，y' を速度 $[\text{mm/deg}]$，y'' を加速度 $[\text{mm/deg}^2]$

とすると,

$$y' = \frac{2C_2\left(\dfrac{\theta}{\theta_1}\right) + pC_p\left(\dfrac{\theta}{\theta_1}\right)^{p-1} + qC_q\left(\dfrac{\theta}{\theta_1}\right)^{q-1} + rC_r\left(\dfrac{\theta}{\theta_1}\right)^{r-1} + sC_s\left(\dfrac{\theta}{\theta_1}\right)^{s-1}}{\theta_1}$$
(6.15)

$$y'' = \frac{2C_2 + p(p-1)C_p\left(\dfrac{\theta}{\theta_1}\right)^{p-2} + q(q-1)C_q\left(\dfrac{\theta}{\theta_1}\right)^{q-2} + r(r-1)C_r\left(\dfrac{\theta}{\theta_1}\right)^{r-2} + s(s-1)C_s\left(\dfrac{\theta}{\theta_1}\right)^{s-2}}{\theta_1^2}$$
(6.16)

表6.1の各値を式(6.15), 式(6.16)に代入すると, リフト部の速度, 加速度が求められる. ランプ部における速度, 加速度は, 表6.2より計算する.

ランプ部とリフト部において求めた各速度をまとめた結果(速度線図)を図6.33に示す. 同様に加速度をまとめた結果(加速度線図)を図6.34に示す. ランプ部における値は小さいので, 図6.35(a), (b)には,

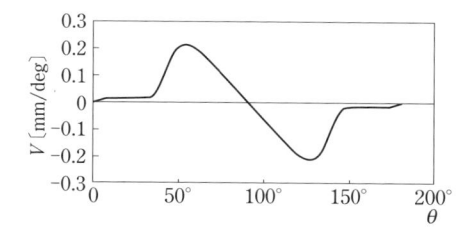

図6.33 バルブの速度線図

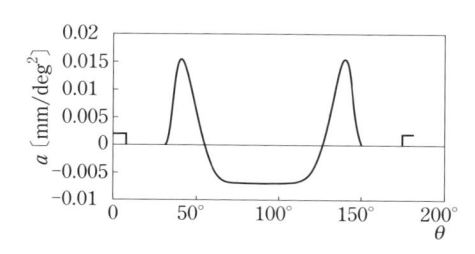

図6.34 バルブの加速度線図

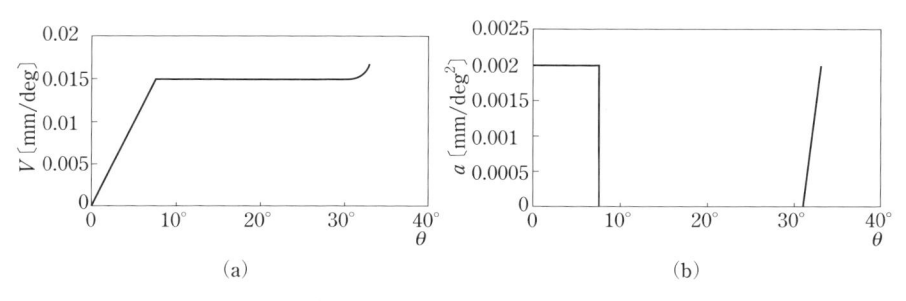

図 6.35 オープンサイドのランプ部の速度線図と加速度線図

オープンサイドのランプ部の速度線図と加速度線図を拡大した。

6.5 カムの輪郭

演習問題

❶ 図 6.10 のカム変位線図に対応する板カムの輪郭曲線を確認せよ。

❷ 従節がカムの回転角 0° から 180° 間はリフト 4 cm を単振動で上昇し，180° で 2 cm 急に下降した後，180° から 360° 間は等速度で下降するカム変位線図とカムの輪郭を描け。カムの回転は反時計回りで，基礎円の直径は 2.5 cm とする。

❸ 図 6.15 に示したカム変位線図の速度線図，加速度線図を確認せよ。

❹ ヨークカム（yoke cam）を確認せよ。

❺ 図 6.6(e) に示した斜板カムにおいて，従節の運動を確認せよ。

問題の解答

第1章 総論

問題 1.1 parts per million，すなわち 100 万分の 1

問題 1.2 （例）クランクシャフト

問題 1.3 270 N·m（駆動力は 900 N）

問題 1.4 $\dfrac{2\pi}{60} = 0.105$ rad/s

問題 1.5 3.8 m/s

問題 1.6 95.5 rpm

問題 1.7 3.6 km/h

問題 1.8 $F = 235.7$ kgf $= 2\,311$ N，$F_0 = 5.9$ kgf $= 58$ N

問題 1.9 3.8 m/s

問題 1.10 3.14 m/s

問題 1.11 動力の比を求める。70%

問題 1.12 $F_A = 1\,000$ N，$F_B = 3\,000$ N

問題 1.13 （例）モータ，電磁クラッチ

演習問題

❶ $\omega = 25.1$ rad/s，$V = 5.02$ m/s

❷ $V = 2$ m/s，$N = 95.5$ rpm

❸ 5.02 m/s

❹ 7.96 回転，$V_O = 10$ m/s，$V_A = 20$ m/s，$V_B = 14.1$ m/s，$V_C = 5$ m/s

❺ 軌跡を図 1.22 (b) に示す

第2章

問題 2.1 原車：600 mm，従車：900 mm

問題 2.2 $D_1 = \dfrac{2Ci}{i-1}$，$D_2 = \dfrac{2C}{i-1}$

問題 2.3 $N_B = 125$ rpm，$N_C = 62.5$ rpm

問題 2.4 $2\alpha_1 = 60°$，$2\alpha_2 = 180°$

問題 2.5 $2\alpha_1 = 53.13°\,(53°8')$，$2\alpha_2 = 126.87°\,(126°52')$

問題 2.6 $V_{P1} = 4.40$ m/s，$V_{P2} = 6.28$ m/s

問題 2.7　9, $\dfrac{1}{9}$

問題 2.8　50 mm から 100 mm に変化

問題 2.9　2, $\dfrac{\pi}{6}$

問題 2.10　動力，〔N・m/s〕＝〔W〕

問題 2.11　429.9 kgf＝4 216 N

問題 2.12　735.5 W

問題 2.13　2.2 倍

問題 2.14　減速する

問題 2.15　増速する

問題 2.16　増速する

問題 2.17　変化せず一定回転する

問題 2.18　増速する

問題 2.19　増速する

問題 2.20　15 cm

問題 2.21　減速する

問題 2.22　A と B の回転方向は，図 (b) では同方向，図 (a) では逆方向である

演習問題

❶外接：$D_1＝180$ mm，$D_2＝120$ mm，　内接：$D_1＝900$ mm，$D_2＝600$ mm

❷$2\alpha_1＝158.2°(158°12')$，$2\alpha_2＝81.8°(81°48')$

❸長軸：200 mm，短軸：120 mm

❹358.3 kgf＝3 514 N

❺式 (2.16) より 1 080 N

❻円板 A の中心より 9 cm

❼最大：250 rpm，最小：40 rpm

第 3 章　歯車装置

問題 3.1　0.014904

問題 3.2　エンジンの回転数を表示するタコメータの作動機構には歯車は使用されていない。イグニションコイルの端子に発生する電圧を電子回路で計数し，電流として出力させ，出力電流がエンジンの回転数と比例することを利用しているものが多い

問題 3.3 エンジンが始動してフライホイールリングギヤの回転速度がスタータピニオンの回転速度より速くなると空転し，モータの過回転を防止する

問題 3.4 クランクシャフトによってベルト駆動されるオイルポンプ（パワーステアリングポンプ）で発生する油圧を利用して，操舵力を軽減させるステアリング装置の補助機構

問題 3.5 使用箇所の参考資料を示す。各自調査するとよい

付表 3.1　参考資料

歯車の種類	使用箇所
平歯車	スタータピニオン，フライホイールリングギヤ，外接ギヤ式オイルポンプのオイル圧送ギヤ，リバースギヤ，リバースアイドルギヤ（はすば歯車もある），電動可倒式ドアミラー減速ギヤ（ウォームギヤもある），オートアンテナ減速ギヤ
はすば歯車	トランスミッションの変速ギヤ，スーパーチャージャタイミングギヤ，オイルポンプドライブギヤ，オイルポンプドリブンギヤ，インジェクションポンプギヤ，クランクシャフトタイミングギヤ，カムシャフトタイミングギヤ（平歯車もある）
内歯車	オートマチックトランスミッションのインターナルギヤ
ラックとピニオン	インジェクションポンププランジャコントロールギヤ
かさ歯車	ディファレンシャルピニオン，ディファレンシャルサイドギヤ（すぐばかさ歯車），ディストリビュータスパイラルギヤ（まがりばかさ歯車）
ハイポイドギヤ	ディファレンシャルドライブギヤ，ディファレンシャルリングギヤ
ねじ歯車	スピードメータドライブギヤ，スピードメータドリブンギヤ
ウォームギヤ	ステアリングウォームギヤ，オドメータウォームギヤ，トルセンLSD（トルク比例式差動制限装置）ウォームギヤ，ワイパ駆動ギヤ，ドアロックウォームギヤ，ドアミラーウォームギヤ，クルーズコントロール駆動ウォームギヤ

問題 3.6 $D = 150$ mm，$m = 3$ mm

問題 3.7 220 mm

問題 3.8 $m = \dfrac{h}{2.25}$

問題 3.9 1.68

問題 3.10 1回転中の80%は2組の歯が接触し，残りの20%は1組の歯が接触していることを意味する

問題 3.11　0.298
問題 3.12　40
問題 3.13　30, 50
問題 3.14　20, 40
問題 3.15　28.7 kgf ≒ 281 N
問題 3.16　18 PS
問題 3.17　100 rpm, 140 N·m
問題 3.18　30 N·m
問題 3.19　キー, とめねじ, 溶接, ボルトとナットなどによる方法のほかに, スプライン加工した歯車をスプラインシャフトに通す方法がある。キー状の歯を軸周に削り出したものをスプラインという
問題 3.20　（例）自動車の後進時に使われるリバースギヤとカウンタギヤ間に介在するリバースアイドルギヤ；旋盤やフライス盤の送り軸の回転方向を変えるときに使用されるフィードボックス内の歯車
問題 3.21　$N_B = 200$ rpm, $N_C = 50$ rpm
問題 3.22　$N_D = 700$ rpm, $T = 200$ N·m
問題 3.23　ウォーム E の 1 条とは, 歯数が 1 であることに相当する。$N_F = 40$ rpm
問題 3.24　第 1 速：M→C→C_1→M_1, 3.321, 第 3 速：M→C→C_3→M_3, 1.308, 第 4 速：インプットシャフトとアウトプットシャフトは直結, 1, 第 5 速：M→C→C_5→M_5, 0.838
問題 3.25　第 1 速：3.3, 第 2 速：2, 第 3 速：1.3, 第 4 速：1
問題 3.26　① 400 rpm　② 20.9 m/s　③ 500 N·m　④ 1 000 N
問題 3.27　26
問題 3.28　3
問題 3.29　3
問題 3.30　6
問題 3.31　$N_D = 7N_H$
問題 3.32　196
問題 3.33　エンジンとモータ駆動のハイブリッドシステムに遊星歯車装置が利用されている。付図 3.1 に示すように, エンジンの動力はプラネタリキャリヤに伝えられ, 遊星歯車を介してリングギヤ（インターナルギヤ）に伝えられる。サンギヤには発電機がつながり, 走行状態によりリングギヤにつながっているモータの駆動とバッテリの蓄電に利用される

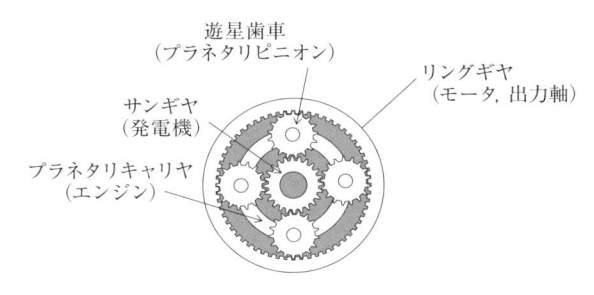

付図3.1 エンジンとモータのハイブリッドシステムにおける遊星歯車装置

ラベル:
- 遊星歯車（プラネタリピニオン）
- リングギヤ（モータ，出力軸）
- サンギヤ（発電機）
- プラネタリキャリヤ（エンジン）

問題 3.34　2

問題 3.35　1

問題 3.36　① 250 rpm　② 255 rpm

問題 3.37　差動制限機構付きのディファレンシャルでノンスリップデフと称されている。必要に応じて，回転数が大きいほうから小さいほうにトルクを配分する役割をもつ

問題 3.38　Dレンジ1速：2.829，Dレンジ2速：1.559，Dレンジ3速：1，Dレンジ4速：0.694，Rレンジ：2.273

問題 3.39　Dレンジ1速：175/71 = 2.465，Dレンジ2速：104/71 = 1.465，Dレンジ3速：1，Rレンジ：71/33 = 2.152

演習問題

❶ $D_A = 120$ mm，$D_B = 270$ mm，$C = 195$ mm，$V_A = VB = 7.54$ m/s，$N_B = \dfrac{1\,600}{3} = 533$ rpm

❷ 25，40

❸ 1.68

❹ $\dfrac{1}{100}$

❺ (1) 7　(2) 13

❻ (1) −5　(2) 3　(3) −2

❼ (1) −463.4　(2) 475　(3) 341.7

第4章　巻掛け伝動装置

問題 4.1　300 rpm，6.28 m/s

問題の解答　203

問題 4.2 1 200 rpm

問題 4.3 ① 800 rpm ② 600 N

問題 4.4 $\theta = \sin\theta = (D_1 + D_2)/2C$, $\cos\theta = 1 - (D_1 + D_2)^2/8C^2$ となることに注意すれば，式⑤より式 (4.4) が得られる

問題 4.5 オープンベルト：$\alpha_1 = 179.14°\,(179°\,8')$, $\alpha_2 = 180.86°\,(180°\,51')$；クロスベルト：$\alpha_1 = \alpha_2 = 187.74°\,(187°\,44')$

問題 4.6 オープンベルト：9 006 mm，クロスベルト：9 030 mm

問題 4.7 $\log_{10}\dfrac{F_1}{F_2} = 0.434\,\mu\alpha$

問題 4.8 $F_1 = 1\,229$ N，$F_2 = 479$ N

問題 4.9 5 550 N

問題 4.10 11 N

問題 4.11 74.6 kgf = 732 N

問題 4.12 $F_e = 31.3$ kgf = 307 N，$F_1 = 62.6$ kgf = 614 N

問題 4.13 135.4 mm

問題 4.14 9.8×10^6 Pa = 9.8 MPa

問題 4.15 $d_1 = 80$ mm，$d_2 = 120$ mm，$D_2 = 360$ mm

問題 4.16 $d_1 = 80$ mm，$d_2 = 120.9$ mm，$D_2 = 362.7$ mm

問題 4.17 n の変化の様子を図示した結果を図 4.14 (b) に示す。2.5 節参照

問題 4.18 トロイダル CVT：日産のセドリック（1999 年）には，ベルト式 CVT に代わりトロイダル CVT が搭載されている。トロイダルとは円環型の意味で，2 章（図 2.28）で既述した機構である。付図 4.1 のように，特殊形状の鋼部分で構成され，

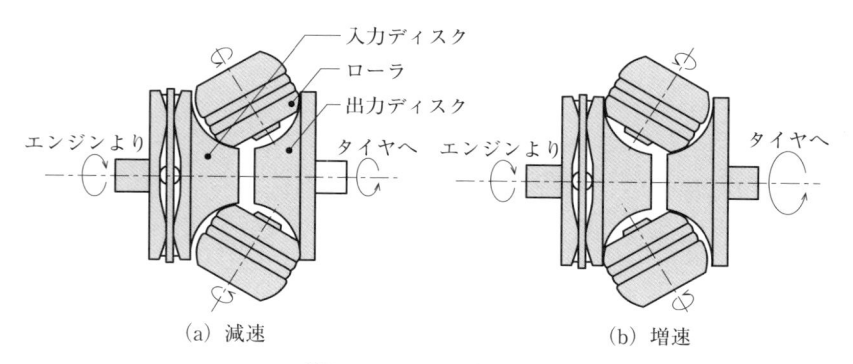

(a) 減速　　(b) 増速

付図 4.1　トロイダル CVT

付表 4.1　自動車用 V ベルトの規格

寸法＼形別	HM	A	B	BC	C	CD
a [mm]	10.7	13.3	17.3	18.8	22.8	25.4
b [mm]	7.5 (8.0)	8.0 (9.0)	9.5 (10.0, 11.0)	9.5 (11.0)	13.0	13.0
ϕ [°]	38 (36)	38 (36)	38	38	38	38

ローラを介して入力ディスクの回転を出力ディスクに伝えている

問題 4.19　3.31

問題 4.20　付表 4.1 に芯線，ゴムおよび布で構成された自動車用 V ベルトの規格例を示す

問題 4.21　クランクシャフトの駆動力を V リブドベルトによってスーパチャージャのロータシャフトに伝えている。ロータシャフトに取り付けられた一対のまゆ型ロータが回転し，エンジンのシリンダ内に通常より多くの空気を送る，すなわち過給を行う

問題 4.22　$V_m = 5.75$ m/s，$V_1 = 5.73$ m/s，$V_2 = 5.70$ m/s

問題 4.23　（例）レース用エンジン

問題 4.24　（例）クレーン，ケーブルカー

演習問題

❶ 150 rpm，3.14 m/s，1 592 N

❷ 119.4 kgf = 1 171 N

❸ $d_1 = 150$ mm，$d_2 = 200$ mm，$D_2 = 400$ mm

❹ $d_1 = 100$ mm，$d_2 = 150$ mm，$d_3 = 240$ mm，$D_2 = 450$ mm，$D_3 = 360$ mm

❺ V ベルト，V リブドベルト，歯付きベルト

❻ $C = \dfrac{\sqrt{a^2 - 8(D-d)^2}}{8}$，$a = 2L - \pi(D+d)$

❼ $V_m = 6.35$ m/s，$V_1 = 6.36$ m/s，$V_2 = 6.33$ m/s

第 5 章　リンク装置

問題 5.1　図 5.4 参照。図中 P_1，P_2 が死点である

問題 5.2　60.03°（60°2′）

問題 5.3　300 〜 500 mm
問題 5.4　図 5.5 参照。図中 P_1，P_2 が死点である
問題 5.5　$T_f = L\left(\dfrac{1}{\tan\beta} - \dfrac{1}{\tan\alpha}\right)$
問題 5.6　図 5.8 参照
問題 5.7　6 m/s
問題 5.8　9.52 m/s
問題 5.9　9.89 m/s
問題 5.10　7.1 cm
問題 5.11　リンク A は一定回転しない。図 5.17 (b) に一定時間の経過とリンク A の位置の関係を示す
問題 5.12　$V = \dfrac{r\omega\sin\theta}{\sin\alpha}$, $a = \dfrac{r\omega^2\cos\theta}{\sin\alpha}$
問題 5.13　$\dfrac{x^2}{8^2} + \dfrac{y^2}{3^2} = 1$
問題 5.14　5 cm
問題 5.15　平行運動している
問題 5.16　作図結果を付図 5.1 に示す。図示のように，P 点は大円弧を描く
問題 5.17　作図結果を付図 5.2 に示す
問題 5.18　作図結果を図 5.34 (b) に示す。軌跡の一部に近似直線がある
問題 5.19　フック継手はプロペラシャフトの両端に取り付けられている。乗用車で

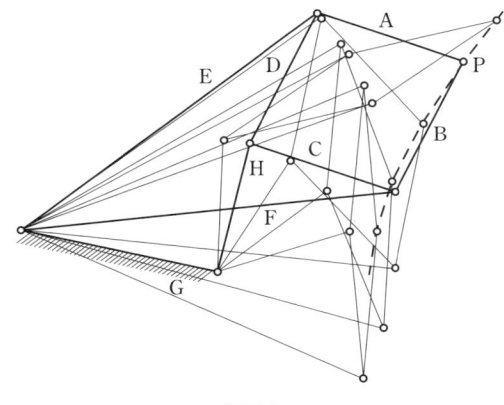

付図 5.1

付図 5.2

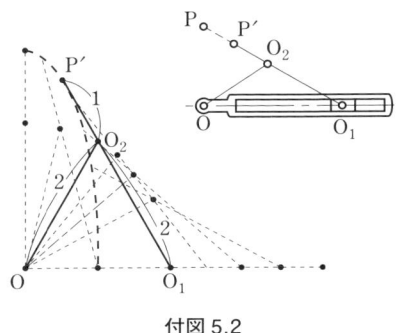

使用されている交角 α の一例を挙げると，$5°$ 程度である

問題 5.20 式(5.11)を時間 t で微分し，$d\theta/dt = \omega_a$，$d\phi/dt = \omega_c$ と置くと，

$$\frac{\omega_c}{\omega_a} = \frac{\sec^2\theta \cos\alpha}{\sec^2\phi} = \frac{\sec^2\theta \cos\alpha}{1 + \tan^2\phi}$$

$$= \frac{\sec^2\theta \cos\alpha}{1 + \tan^2\theta \cos^2\alpha} = \frac{\cos\alpha}{\cos^2\theta + \sin^2\theta \cos^2\alpha}$$

$$= \frac{\cos\alpha}{\cos^2\theta + \sin^2\theta(1 - \sin^2\alpha)} = \frac{\cos\alpha}{1 - \sin^2\theta \sin^2\alpha}$$

問題 5.21 （例）ダブルオフセットジョイント，トリポートジョイント

演習問題

❶ 300 mm 以下

❷ $V_c = 12.56$ m/s，$V_m = 8$ m/s，$V_p = 13.42$ m/s

❸ 1.71

❹ 6 cm

❺ （例）ワイパブレードを作動するリンク機構，ウイッシュボーン型サスペンションアームのリンク機構

第6章 カム装置

問題 6.1 図 6.4 において，R は O から NN′に引いた垂線の足であり，$OR = r_A \cos\alpha = r_B \cos\beta$ の関係がある。式④より式(6.1)が導出される

問題 6.2 （例）円筒カムが工作機械の自動工具脱着装置（ATC）に利用されている

問題 6.3 20 mm

問題 6.4 カム線図を付図 6.1(a)，(b) に示す

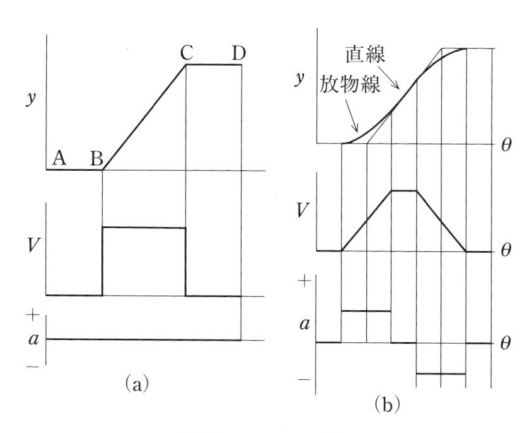

付図 6.1 カム線図

問題 6.5 $y = r(1 - \sin \omega t)$
問題 6.6 $V = e\omega \sin \theta$, $a = e\omega^2 \cos \theta$, $h = 2e$
問題 6.7
  (1) 6 mm
  (2) 8.2 mm

演習問題
❶付図 6.2
❷付図 6.3
❸カム線図を付図 6.4 に示す
❹付図 6.5 に示すような三角カムを枠で囲んだカムである
❺単振動する

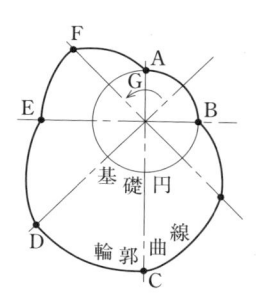

付図 6.2 板カムの輪郭

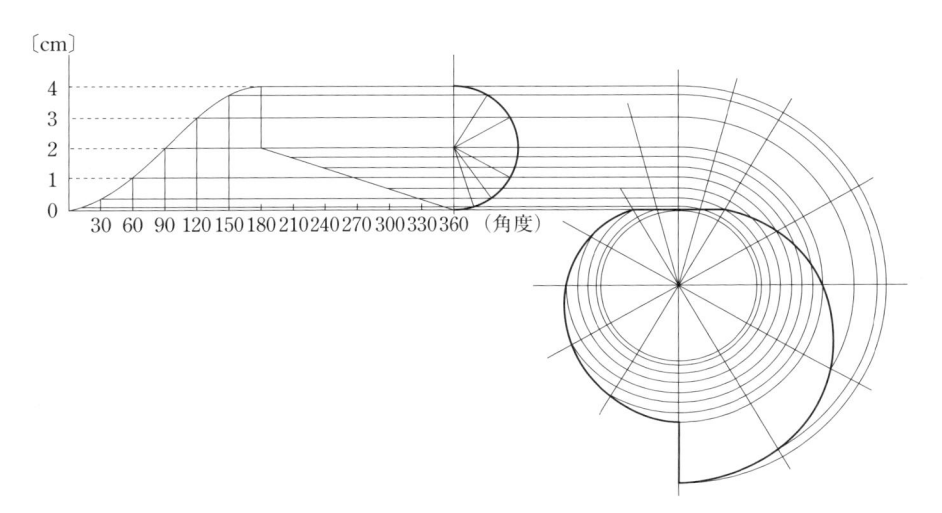

付図 6.3　カム変位線図とカムの輪郭

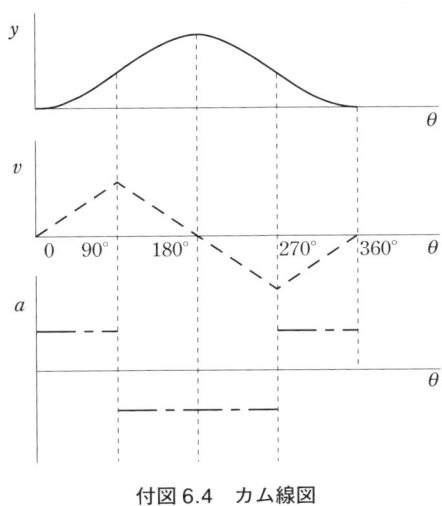

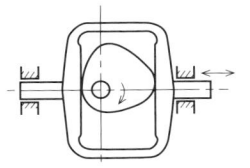

付図 6.4　カム線図

付図 6.5　ヨークカム

参考文献

1) 野々山佐一：『基礎機構学』，工学図書，1964.
2) 稲田・森田：『大学教程機構学』，オーム社，1966.
3) 森田釣：『機構学』，サイエンス社，1984.
4) 吉村元一：『機構学』，山海堂，1968.
5) 大越諄：『ローラチェーン』，コロナ社，1960.
6) 上野拓編著：『歯車工学』，共立出版，1982.
7) 『KHK3005 標準歯車ハンドブック』，小原歯車工業，1992.
8) 蓮見善久：『歯車の設計計算』，理工学社，1993.
9) 熊谷，阿波屋，小川，坂本：『JIS機械製図の基礎と演習』，共立出版，1990.
10) SI導入委員会：『くるまと国際単位系』，自動車技術会，1991.
11) 青木弘，木谷晋：『工業力学』，森北出版，1985.
12) 青木元男：『カー・メカニズム・マニュアル（ベーシック編）』，ナツメ社，1992.
13) 青木元男：『カー・メカニズム・マニュアル（ニューメカ編）』，ナツメ社，1994.
14) 青木元男：『カー・メカニズム・マニュアル（ボディ＆装備編）』，ナツメ社，1993.
15) 運輸省地域交通局監修：『二級ガソリン自動車ジーゼル自動車シャシ編』，日本自動車整備振興会連合会，1990.
16) 運輸省地域交通局監修：『二級ガソリン自動車エンジン編』，日本自動車整備振興会連合会，1993.
17) 運輸省地域交通局監修：『二級ジーゼル自動車エンジン編』，日本自動車整備振興会連合会，1995.
18) 自動車技術会：『自動車技術ハンドブック1，基礎・理論編』，自動車技術会，1990.
19) 自動車技術会：『自動車技術ハンドブック2，設計編』，自動車技術会，1991.
20) 斎藤孟監修：『自動車用語中辞典』，山海堂，1996.
21) ドルマトスキー著，錦織・藤川訳：『自動車のすべて』，理論社，1960.
22) 樋口健治監修：『自動車工学』，山海堂，1988.
23) 日本損害保険協会監修：『アジャスターマニュアル基礎編』，自研センター，1988.
24) 有田二彦編：『クルマ工学』，内外出版社，1995.
25) 高松康生：『メカライフ，No.26』，機械学会，1991.
26) 『設計技術者のためのやさしい自動車材料』，「日経マテリアル＆テクノロジー」，日経BP社，1993.

付表I　ギリシャ文字

A	α	Alpha	（アルファ）	N	ν	Nu	（ニュー）
B	β	Beta	（ベータ）	Ξ	ξ	Xi	（クシー）
Γ	γ	Gamma	（ガンマ）	O	o	Omicron	（オミクロン）
Δ	δ	Delta	（デルタ）	Π	π	Pi	（パイ）
E	ε	Epsilon	（イプシロン）	P	ρ	Rho	（ロー）
Z	ζ	Zeta	（ツェータ）	Σ	σ	Sigma	（シグマ）
H	η	Eta	（イータ）	T	τ	Tau	（タウ）
Θ	θ	Theta	（シータ）	Y	υ	Upsilon	（ユプシロン）
I	ι	Iota	（イオタ）	Φ	φ, ϕ	Phi	（ファイ）
K	κ	Kappa	（カッパ）	X	χ	Chi	（カイ）
Λ	λ	Lambda	（ラムダ）	Ψ	ψ	Psi	（プシー）
M	μ	Mu	（ミュー）	Ω	ω	Omega	（オメガ）

付表II　特殊定数

円周率	$\pi = 3.1415926536$
	$\pi^2 = 9.8696044$
	$\sqrt{\pi} = 1.7724539$
	$\log_{10} \pi = 0.4971498727$
	$\log_e \pi = 1.1447298858$
自然対数の底	$e = 2.7182818285$
	$\log_{10} e = 0.4342944819$
	$\log_e 10 = 2.3025850930$

付表III　SIと重力単位系（工学単位系）の対照

単位系＼量	長さ	質量	時間	温度	加速度	力	圧力, 応力	エネルギー	仕事率, 動力
SI	m	kg	s	K	m/s^2	N	Pa	J	W
重力単位系	m	kgf·s^2/m	s	℃	m/s^2	kgf	kgf/m^2	kgf·m	kgf·m/s

付表Ⅳ　単位換算の例

```
1 N = 1/9.80665 kgf
1 Pa = 1 N/m² = 1/9.80665 kgf/m²
1 J = 1 N·m = 1/(3.6 × 10⁶) kW·h = 1/9.80665 kgf·m
1 W = 1 J/s = 1/9.80665 kgf·m/s = 1/735.4988 PS
1 dyn = 10⁻⁵ N
1 N/mm² = 1 MPa
1 bar = 10⁵ Pa
1 cal = 4.18605 J
```

付表Ⅴ　SI接頭語

倍　数	接　頭　語	記　号	倍　数	接　頭　語	記　号
10^{18}	exa　　（エクサ）	E	10^{-1}	deci　　（デ　シ）	d
10^{15}	peta　　（ペ　タ）	P	10^{-2}	centi　　（センチ）	c
10^{12}	tera　　（テ　ラ）	T	10^{-3}	milli　　（ミ　リ）	m
10^{9}	giga　　（ギ　ガ）	G	10^{-6}	micro　（マイクロ）	μ
10^{6}	mega　　（メ　ガ）	M	10^{-9}	nano　　（ナ　ノ）	n
10^{3}	kilo　　（キ　ロ）	k	10^{-12}	pico　　（ピ　コ）	p
10^{2}	hecto　（ヘクト）	h	10^{-15}	femto　（フェムト）	f
10^{1}	deca　　（デ　カ）	da	10^{-18}	atto　　（ア　ト）	a

付表Ⅵ　平方・立方・平方根・立方根の表

n	n^2	n^3	$\sqrt{n}$	$\sqrt{10n}$	$\sqrt[3]{n}$	n	n^2	n^3	$\sqrt{n}$	$\sqrt{10n}$	$\sqrt[3]{n}$
1	1	1	1.0000	3.1623	1.0000	51	2 601	132 651	7.1414	22.5832	3.7084
2	4	8	1.4142	4.4721	1.2599	52	2 704	140 608	7.2111	22.8035	3.7325
3	9	27	1.7321	5.4772	1.4422	53	2 809	148 877	7.2801	23.0217	3.7563
4	16	64	2.0000	6.3246	1.5874	54	2 916	157 464	7.3485	23.2379	3.7798
5	25	125	2.2361	7.0711	1.7100	55	3 025	166 375	7.4162	23.4521	3.8030
6	36	216	2.4495	7.7460	1.8171	56	3 136	175 616	7.4833	23.6643	3.8259
7	49	343	2.6458	8.3666	1.9129	57	3 249	185 193	7.5498	23.8747	3.8485
8	64	512	2.8284	8.9443	2.0000	58	3 364	195 112	7.6158	24.0832	3.8709
9	81	729	3.0000	9.4868	2.0801	59	3 481	205 379	7.6811	24.2899	3.8930
10	100	1 000	3.1623	10.0000	2.1544	60	3 600	216 000	7.7460	24.4949	3.9149
11	121	1 331	3.3166	10.4881	2.2240	61	3 721	226 981	7.8102	24.6982	3.9365
12	144	1 728	3.4641	10.9545	2.2894	62	3 844	238 328	7.8740	24.8998	3.9579
13	169	2 197	3.6056	11.4018	2.3513	63	3 969	250 047	7.9373	25.0998	3.9791
14	196	2 744	3.7417	11.8322	2.4101	64	4 096	262 144	8.0000	25.2982	4.0000
15	225	3 375	3.8730	12.2474	2.4662	65	4 225	274 625	8.0623	25.4951	4.0207
16	256	4 096	4.0000	12.6491	2.5198	66	4 356	287 496	8.1240	25.6905	4.0412
17	289	4 913	4.1231	13.0384	2.5713	67	4 489	300 763	8.1854	25.8844	4.0615
18	324	5 832	4.2426	13.4164	2.6207	68	4 624	314 432	8.2462	26.0768	4.0817
19	361	6 859	4.3589	13.7840	2.6684	69	4 761	328 509	8.3066	26.2679	4.1016
20	400	8 000	4.4721	14.1421	2.7144	70	4 900	343 000	8.3666	26.4575	4.1213
21	441	9 261	4.5826	14.4914	2.7589	71	5 041	357 911	8.4261	26.6458	4.1408
22	484	10 648	4.6904	14.8324	2.8020	72	5 184	373 248	8.4853	26.8328	4.1602
23	529	12 167	4.7958	15.1658	2.8439	73	5 329	389 017	8.5440	27.0185	4.1793
24	576	13 824	4.8990	15.4919	2.8845	74	5 476	405 224	8.6023	27.2029	4.1983
25	625	15 625	5.0000	15.8114	2.9240	75	5 625	421 875	8.6603	27.3861	4.2172
26	676	17 576	5.0990	16.1245	2.9625	76	5 776	438 976	8.7178	27.5681	4.2358
27	729	19 683	5.1962	16.4317	3.0000	77	5 929	456 533	8.7750	27.7489	4.2543
28	784	21 952	5.2915	16.7332	3.0366	78	6 084	474 552	8.8318	27.9285	4.2727
29	841	24 389	5.3852	17.0294	3.0723	79	6 241	493 039	8.8882	28.1069	4.2908
30	900	27 000	5.4772	17.3205	3.1072	80	6 400	512 000	8.9443	28.2843	4.3089
31	961	29 791	5.5678	17.6068	3.1414	81	6 561	531 441	9.0000	28.4605	4.3267
32	1 024	32 768	5.6569	17.8885	3.1748	82	6 724	551 368	9.0554	28.6356	4.3445
33	1 089	35 937	5.7446	18.1659	3.2075	83	6 889	571 787	9.1104	28.8097	4.3621
34	1 156	39 304	5.8310	18.4391	3.2396	84	7 056	592 704	9.1652	28.9828	4.3795
35	1 225	42 875	5.9161	18.7083	3.2711	85	7 225	614 125	9.2195	29.1548	4.3968
36	1 296	46 656	6.0000	18.9737	3.3019	86	7 396	636 056	9.2736	29.3258	4.4140
37	1 369	50 653	6.0828	19.2354	3.3322	87	7 569	658 503	9.3274	29.4958	4.4310
38	1 444	54 872	6.1644	19.4936	3.3620	88	7 744	681 472	9.3808	29.6648	4.4480
39	1 521	59 319	6.2450	19.7484	3.3912	89	7 921	704 969	9.4340	29.8329	4.4647
40	1 600	64 000	6.3246	20.0000	3.4200	90	8 100	729 000	9.4868	30.0000	4.4814
41	1 681	68 921	6.4031	20.2485	3.4482	91	8 281	753 571	9.5394	30.1662	4.4979
42	1 764	74 088	6.4807	20.4939	3.4760	92	8 464	778 688	9.5917	30.3315	4.5144
43	1 849	79 507	6.5574	20.7364	3.5034	93	8 649	804 357	9.6437	30.4959	4.5307
44	1 936	85 184	6.6332	20.9762	3.5303	94	8 836	830 584	9.6954	30.6594	4.5468
45	2 025	91 125	6.7082	21.2132	3.5569	95	9 025	857 375	9.7468	30.8221	4.5629
46	2 116	97 336	6.7823	21.4476	3.5830	96	9 216	884 736	9.7980	30.9839	4.5789
47	2 209	103 823	6.8557	21.6795	3.6088	97	9 409	912 673	9.8489	31.1448	4.5947
48	2 304	110 592	6.9282	21.9089	3.6342	98	9 604	941 192	9.8995	31.3050	4.6104
49	2 401	117 649	7.0000	22.1359	3.6593	99	9 801	970 299	9.9499	31.4643	4.6261
50	2 500	125 000	7.0711	22.3607	3.6840	100	10 000	1 000 000	10.0000	31.6228	4.6416

付表Ⅶ　三角関数表

度数	sin	表差	tan	表差	cot	cos	表差	
0	0000		0000		―	1000		90
		175		175			2	
1	0.0175	174	0.0175	174	57.2900	0.9998	4	89
2	0.0349	174	0.0349	175	28.6363	0.9994	8	88
3	0.0523	175	0.0524	175	19.0811	0.9986	10	87
4	0.0698		0.0699		14.3007	0.9976		86
5	0.0872	174	0.0875	176	11.4301	0.9962	14	85
6	0.1045	173	0.1051	176	9.5144	0.9945	17	84
		174		177			20	
7	0.1219	173	0.1228	177	8.1443	0.9925	22	83
8	0.1392	172	0.1405	179	7.1154	0.9903	26	82
9	0.1564	172	0.1584	179	6.3138	0.9877	29	81
10	0.1736		0.1763		5.6713	0.9848		80
		172		181			32	
11	0.1908	171	0.1944	182	5.1446	0.9816	35	79
12	0.2079	171	0.2126	183	4.7046	0.9781	37	78
13	0.2250	169	0.2309	184	4.3315	0.9744	41	77
14	0.2419		0.2493		4.0108	0.9703		76
15	0.2588	169	0.2679	186	3.7321	0.9659	44	75
16	0.2756	168	0.2867	188	3.4874	0.9613	46	74
		168		190			50	
17	0.2924	166	0.3057	192	3.2709	0.9563	52	73
18	0.3090	166	0.3249	194	3.0777	0.9511	56	72
19	0.3256	164	0.3443	197	2.9042	0.9455	58	71
20	0.3420		0.3640		2.7475	0.9397		70
		164		199			61	
21	0.3584	162	0.3839	201	2.6051	0.9336	64	69
22	0.3746	161	0.4040	205	2.4751	0.9272	67	68
23	0.3907	160	0.4245	207	2.3559	0.9205	70	67
24	0.4067		0.4452		2.2460	0.9135		66
25	0.4226	159	0.4663	211	2.1445	0.9063	72	65
26	0.4384	158	0.4877	214	2.0503	0.8988	75	64
		156		218			78	
27	0.4540	155	0.5095	222	1.9626	0.8910	81	63
28	0.4695	153	0.5317	226	1.8807	0.8829	83	62
29	0.4848	152	0.5543	231	1.8040	0.8746	86	61
30	0.5000		0.5774		1.7321	0.8660		60
		150		235			88	
31	0.5150	149	0.6009	240	1.6643	0.8572	92	59
32	0.5299	147	0.6249	245	1.6003	0.8480	93	58
33	0.5446	146	0.6494	251	1.5399	0.8387	97	57
34	0.5592		0.6745		1.4826	0.8290		56
35	0.5736	144	0.7002	257	1.4281	0.8192	98	55
36	0.5878	142	0.7265	263	1.3764	0.8090	102	54
		140		271			104	
37	0.6018	139	0.7536	277	1.3270	0.7986	106	53
38	0.6157	136	0.7813	285	1.2799	0.7880	109	52
39	0.6293	135	0.8098	293	1.2349	0.7771	111	51
40	0.6428		0.8391		1.1918	0.7660		50
		133		302			113	
41	0.6561	130	0.8693	311	1.1504	0.7547	116	49
42	0.6691	129	0.9004	321	1.1106	0.7431	117	48
43	0.6820	127	0.9325	332	1.0724	0.7314	121	47
44	0.6947	124	0.9657	343	1.0355	0.7193	122	46
45	0.7071		1.0000		1.0000	0.7071		45
	cos	表差	cot	表差	tan	sin	表差	度数

付表Ⅷ インボリュート関数表 (inv φ)

φ	0.0	0.1	0.2	0.3	0.4	0.5	0.6	0.7	0.8	0.9
10°	0.001794	0.001849	0.001905	0.001962	0.002020	0.002079	0.002140	0.002202	0.002265	0.002329
11	.002394	.002461	.002528	.002598	.002668	.002739	.002812	.002887	.002962	.003039
12	.003117	.003197	.003277	.003360	.003443	.003529	.003615	.003703	.003792	.003883
13	.003975	.004069	.004164	.004261	.004359	.004461	.004561	.004664	.004768	.004874
14	.004982	.005091	.005202	.005315	.005429	.005545	.005662	.005782	.005903	.006025
15	.006150	.006276	.006404	.006534	.006665	.006799	.006934	.007071	.007209	.007350
16	.007493	.007637	.007784	.007932	.008082	.008234	.008388	.008544	.008702	.008863
17	.009025	.009189	.009355	.009523	.009694	.009866	.010041	.010217	.010396	.010577
18	.010760	.010946	.011133	.011323	.011515	.011709	.011906	.012105	.012306	.012509
19	.012715	.012923	.013134	.013346	.013562	.013779	.013999	.014222	.014447	.014674
20	0.014904	0.015137	0.015372	0.015609	0.015849	0.016092	0.016337	0.016585	0.016836	0.017089
21	.017345	.017603	.017865	.018129	.018395	.018665	.018937	.019212	.019490	.019770
22	.020054	.020340	.020629	.020921	.021217	.021514	.021815	.022119	.022426	.022736
23	.023049	.023365	.023684	.024006	.024332	.024660	.024992	.025326	.025664	.026005
24	.026350	.026697	.027048	.027402	.027760	.028121	.028485	.028852	.029223	.029598
25	.029975	.030357	.030741	.031130	.031521	.031917	.032315	.032718	.033124	.033534
26	.033947	.034364	.034785	.035209	.035637	.036069	.036505	.036945	.037388	.037835
27	.038287	.038742	.039201	.039664	.040131	.040602	.041076	.041556	.042039	.042526
28	.043017	.043513	.044012	.044516	.045024	.045537	.046054	.046575	.047100	.047630
29	.048164	.048702	.049245	.049792	.050344	.050901	.051462	.052027	.052597	.053172
30	0.053751	0.054336	0.054924	0.055518	0.056116	0.056720	0.057328	0.057940	0.058858	0.059181
31	.059809	.060441	.061079	.061721	.062369	.063022	.063680	.064343	.065012	.065685
32	.066364	.067048	.067738	.068432	.069133	.069838	.070549	.071266	.071988	.072716
33	.073449	.074188	.074932	.075683	.076439	.077200	.077968	.078741	.079520	.080305
34	.081097	.081894	.082697	.083506	.084321	.085142	.085970	.086804	.087644	.088490
35	.089342	.090201	.091067	.091938	.092816	.093701	.094592	.095490	.096395	.097306
36	.098224	.099149	.100080	.101017	.101964	.102916	.103875	.104841	.105814	.106795
37	.107782	.108777	.109779	.110788	.111805	.112829	.113860	.114899	.115945	.116999
38	.118061	.119130	.120207	.121291	.122384	.123484	.124592	.125709	.126833	.127965
39	.129106	.130254	.131411	.132576	.133750	.134931	.136122	.137320	.138528	.139743
40	0.197744	0.199377	0.201022	0.202678	0.204346	0.206026	0.207717	0.209420	0.211135	0.212863
41	.153702	.155025	.156358	.157700	.159052	.160414	.161785	.163165	.164556	.165956
42	.167366	.168786	.170216	.171656	.173106	.174566	.176037	.177518	.179009	.180511
43	.182024	.183547	.185080	.186625	.188180	.189746	.191324	.192912	.194511	.196122
44	.197744	.199377	.201022	.202678	.204346	.206026	.207717	.209420	.211135	.212863
45	.214602	.216353	.218117	.219893	.221682	.223483	.225296	.227123	.228962	.230814

索 引

英数字

4節回転連鎖	146
CVジョイント	172
DOHC	180
PS	38
SOHC	180

あ

アイテルワインの式	121
アイドルギヤ	87
遊び車	28
遊び歯車	87
アッカーマン・ジャント方式	150
圧力角	66
案内車	128
板カム	177
インボリュート	50
インボリュート関数	52
ウィットウォース早戻り機構	160
ウォーム	55
円筒――	55
多口――	56
多条――	56
鼓形――	56
ウォームギヤ	55
ウォームホイール	55
内歯車	54
腕	93
運動	
回転――	8
球面――	8,12
球面――機構	170
ころがり――	7
すべり――	7
直進――	37
点――	7
並進――	8
平面――	8
らせん――	8,12
円弧カム	190
円弧歯厚	65
円コンパス	163
遠心張力	122
円すいカム	178
円すい車	43
円すい面	29
円筒ウォーム	55
円筒カム	177
円板	41
円ピッチ	62
オートマチックトランスミッション	100
オープンベルト	114
オルダム継手	164

か

回転運動	8
回転角	181
確動カム	189
かさ歯車	54
すぐば――	54
はすば――	54
まがりば――	54
かみ合い長さ	69
かみ合い率	69
カム	175
板――	177
円弧――	190
円すい――	178
円筒――	177
確動――	189
球状――	178
さかさ――	177
斜板――	178
接線――	190
端面――	178
直動――	177
ハート――	188
平面――	176
立体――	176
カム線図	181
カム装置	175
カム変位線図	180
干渉点	72
冠歯車	54
緩和曲線	182
機械	4
機械運動学	1
器具	5
機構	7
ウィットウォース早戻り――	160
球面運動――	170
固定両スライダ――	163
スライダクランク――	152
てこクランク――	146
早戻り――	158
ピストンクランク――	153
平行クランク――	164
両クランク――	146
両てこ――	146
機構学	1
機素	7
基礎円	51,66,187
ギヤ	
アイドル――	87
ウォーム――	55
ドライブ――	77
ドリブン――	77

ハイポイド――	55	
フェース――	56	
キャリパ歯	65	
球状カム	178	
球面運動	8, 12	
球面運動機構	170	
球面対偶	7	
極座標	36	
極方程式	36	
食違い軸歯車	55	
駆動トルク	56	
クラウン	114	
グラスホフの定理	148	
クランク	146	
スライダ――機構	152	
ピストン――機構	153	
平行――機構	164	
クロスベルト	114	
原節	18	
減速比	77	
限定連鎖	145	
原動機	5	
原動節	18	
弦歯厚	65	
工具	4	
構造物	5	
行程	155	
効率	6	
コグベルト	138	
固定両スライダクランク機構	163	
固定連鎖	145	
ころがり運動	7	
ころがり接触	23	
ころがり接触の条件	24	

さ

サイクロイド	50	
最初張力	121	
サイレントチェーン	139	
さかさカム	177	
作業機	5	
差動装置	56	
差動歯車列	93	
思案点	147	
軸トルク	56	
軸方向の力	53	
自在継手	170, 172	
斜板カム	178	
終減速比	58	
十字掛け	114	
従節	18	
従動節	18	
ジュール	38	
瞬間中心	14	
小歯車	53, 72	
シンクロメッシュ	85	
伸縮腕	165	
すぐばかさ歯車	54	
スコッチヨーク	161	
ストランド	143	
ストローク	155	
スプロケット	139	
すべり運動	7	
すべり接触	23, 48	
すべり対偶	7	
すべり率	71	
スライダ	152	
スライダクランク機構	152	
スラスト	53	
正の転位	73	
節	145	
切削工具	73	
接触		
ころがり――	23	
すべり――	23, 48	
線――	7	
平面――	8	
接触弧	69	
接線カム	190	
線接触	7	
線点対偶	7	
全歯たけ	61	
速度比	25, 77	
外歯車	54	

た

対偶		
球面――	7	
すべり――	7	
線点――	7	
ねじ――	7	
回り――	7	
面――	7	
対数らせん	35	
大歯車	53	
タイミングベルト	138	
太陽歯車	93	
だ円	32	
多口ウォーム	56	
多条ウォーム	56	
単双曲線回転面	32	
端面カム	178	
近寄り弧	69	
中間節	19	
中高	114	
頂げき	62	
直線運動	37	
直動カム	177	
継手		
オルダム――	164	
自在――	170, 172	
等速――	172	
フック――	170	
フレキシブル――	172	
流体――	19	
鼓形ウォーム	56	
ディファレンシャル	56	
てこ	146	

索引 217

てこクランク機構	146	食違い軸——	55	円——	62
デフ	56	差動——列	93	法線——	67
転位係数	73	小——	53,72	ピッチ円	50,61
転位歯車	72	すぐばかさ——	54	ピッチ線	54
転位量	73	外——	54	ピッチ点	50,61
テンショナ	142	大——	53	ピッチ面	61
点接触	7	太陽——	93	ピニオンカッタ	73
伝達機	5	転位——	72	平歯車	53
伝動装置	18	ねじ——	55	平ベルト	114
		はすば——	53		
同期ベルト	138	はすばかさ——	54	プーリ	114
等速継手	172	平——	53	フェースギヤ	56
遠のき弧	69	マイタ——	54	不限定連鎖	145
ドライブギヤ	77	まがりばかさ——	54	フック継手	170
ドラフタ	164	やまば——	53	負の転位	73
トランスミッション	56	遊星——	93	フレキシブル継手	172
ドリブンギヤ	77	遊星——装置	93	プロペラシャフト	57
トルクコンバータ	19	歯車の干渉	72	フロントトレッド	150
		歯車列	86		
な		歯末のたけ	61	平行掛け	114
並歯	64	歯末の面	61	平行クランク機構	164
		はすばかさ歯車	54	平行定規	164
ニュートン	39	はすば歯車	53	並進運動	8
		歯付きベルト	138	平面運動	8
ねじ対偶	7	バックラッシ	63	平面カム	176
ねじ歯車	55	歯底円	61	ベースサークル部	191
ねじれ角	53	歯の切下げ	72	ベルト	
は		歯幅	61	オープン——	114
歯	48	歯溝の幅	62	クロス——	114
歯厚	62,65	歯面	61	コグ——	138
円弧——	65	歯元のたけ	61	タイミング——	138
弦——	65	歯元の面	61	同期——	138
ハートカム	188	早戻り機構	158	歯付き——	138
バーフィールドジョイント		ウィットウォース——	160	平——	114
	172	張り側	115	ベルト車	114
ハイポイドギヤ	55	張り側の張力	121	変位曲線	180
葉形車	35	馬力	38	変速機	56
歯車	48	張り車	115,136	変速比	56,77
遊び——	87	張り調整機構	142	変速摩擦伝動装置	41
内——	54	パンタグラフ	164		
かさ——	54			ホイールベース	150
冠——	54	ピストンクランク機構	153	法線ピッチ	67
		ピッチ	62	ホブ	73

ま

マイタ歯車	54
まがりばかさ歯車	54
巻掛け角度	115
巻掛け伝動	114
巻掛け媒介節	114
曲げ強さ	79
摩擦車	37
回り対偶	7
溝付き摩擦車	40
無段変速	41
面圧強さ	79
面対偶	7

や

やまば歯車	53

有効張力	121
有効歯たけ	62
遊星歯車	93
遊星歯車装置	93
有段変速	41
ゆるみ側	115
ゆるみ側の張力	121

ら

らせん運動	8
らせん運動	12
ラック	54
ラックとピニオン	54
ランプ部	191
立体カム	176
リフト	180
リフト部	191
流体継手	19
両クランク機構	146
両てこ機構	146

リンク	145
ルイスの式	79
レージトング	165
レバー	146
連鎖	145
4節回転――	146
限定――	145
固定――	145
不限定――	145
連鎖の置き換え	146
連接棒	146
ローブ車	35
ローブ車	143
ローラ	41
ローラチェーン	139

わ

ワット	38

【執筆者紹介】

高　行男（こう　ゆきお）
　学　歴　名古屋大学工学部機械工学科卒業（1970）
　　　　　名古屋大学大学院機械工学専攻博士課程修了（1975）
　　　　　工学博士
　職　歴　中日本自動車短期大学教授
　著　書　「アルミ vs 鉄ボディ」山海堂
　　　　　「ガソリン直噴」（共著）山海堂
　　　　　「EV・電気自動車」（共著）山海堂

機構学入門

2008 年 11 月 10 日　第 1 版 1 刷発行　　ISBN 978-4-501-41690-4 C3053
2019 年 3 月 20 日　第 1 版 4 刷発行

著　者　高　行男
　　　　© Ko Yukio　2008

発行所　学校法人　東京電機大学　　〒120-8551　東京都足立区千住旭町 5 番
　　　　東京電機大学出版局　　　　Tel. 03-5284-5386（営業）03-5284-5385（編集）
　　　　　　　　　　　　　　　　　Fax. 03-5284-5387　振替口座 00160-5-71715
　　　　　　　　　　　　　　　　　https://www.tdupress.jp/

JCOPY ＜（社）出版者著作権管理機構　委託出版物＞
本書の全部または一部を無断で複写複製（コピーおよび電子化を含む）することは，著作権法上での例外を除いて禁じられています。本書からの複製を希望される場合は，そのつど事前に，（社）出版者著作権管理機構の許諾を得てください。
また，本書を代行業者等の第三者に依頼してスキャンやデジタル化をすることはたとえ個人や家庭内での利用であっても，いっさい認められておりません。
［連絡先］Tel. 03-5244-5088，Fax. 03-5244-5089，E-mail: info@jcopy.or.jp

印刷：(株)教文堂　　製本：渡辺製本(株)　　装丁：高橋壮一
落丁・乱丁本はお取替えいたします。
Printed in Japan